上海市工程建设规范

建设工程造价指标指数分析标准

Standard for measurement of construction cost index

DG/TJ 08—2135—2020
J 15140—2020

主编单位：上海市建筑建材业市场管理总站
　　　　　上海建科造价咨询有限公司
批准部门：上海市住房和城乡建设管理委员会
施行日期：2020 年 9 月 1 日

U0324224

同济大学出版社

2020　上海

图书在版编目（CIP）数据

建设工程造价指标指数分析标准／上海市建筑建材
业市场管理总站，上海建科造价咨询有限公司主编 . --
上海：同济大学出版社，2020.8
　　ISBN 978-7-5608-9284-9

　　Ⅰ．①建… Ⅱ．①上… ②上… Ⅲ．①建筑造价－指
标－分析－标准②建筑造价－指数－分析－标准 Ⅳ．
① TU723.3-65

　　中国版本图书馆 CIP 数据核字（2020）第 104079 号

建设工程造价指标指数分析标准

上海市建筑建材业市场管理总站
　　　　　　　　　　　　　　　　　主编
上海建科造价咨询有限公司

策划编辑：张平官

责任编辑：朱　勇

责任校对：徐春莲

封面设计：陈益平

出版发行　同济大学出版社　　　www.tongjipress.com.cn
　　　　　（地址：上海市四平路 1239 号　邮编：200092　电话：021-65985622）

经　　销　全国各地新华书店

印　　刷　常熟市大宏印刷有限公司

开　　本　890mm×1240mm　1/16

印　　张　12

字　　数　384 000

版　　次　2020 年 8 月第 1 版　　2020 年 8 月第 1 次印刷

书　　号　ISBN 978-7-5608-9284-9

定　　价　98.00 元

上海市住房和城乡建设管理委员会文件

沪建标定〔2020〕143 号

上海市住房和城乡建设管理委员会
关于批准《建设工程造价指标指数分析标准》
为上海市工程建设规范的通知

各有关单位：

由上海市建筑建材业市场管理总站和上海建科造价咨询有限公司主编的《建设工程造价指标指数分析标准》，经我委审核，现批准为上海市工程建设规范，统一编号为 DG/TJ 08—2135—2020，自 2020 年 9 月 1 日起实施。

本规范由上海市住房和城乡建设管理委员会负责管理，上海市建筑建材业市场管理总站负责解释。

特此通知。

上海市住房和城乡建设管理委员会
二〇二〇年三月三十日

前　言

本标准根据上海市住房和城乡建设管理委员会《关于印发〈2018年上海市工程建设规范、建筑标准设计编制计划〉的通知》（沪建标定〔2017年〕898号）的要求，由上海市建筑建材业市场管理总站、上海建科造价咨询有限公司为主编单位，会同本市部分建设工程造价咨询企业共同编制完成。

本标准的主要内容有：总则；术语；基本规定；建设工程造价指标指数分类和编码；建设工程造价指标测算；建设工程造价指数测算；附录导引等。

各有关单位和从业人员在使用本标准过程中，若有意见和建议，请及时反馈给上海市建筑建材业市场管理总站（地址：上海市小木桥路683号；邮编：200032；E-mail：bzglk@zjw.sh.gov.cn），以供修编时参考。

主 编 单 位：上海市建筑建材业市场管理总站
　　　　　　　上海建科造价咨询有限公司
参 编 单 位：上海鑫元建设工程咨询有限公司
　　　　　　　上海市园林设计研究总院有限公司
　　　　　　　上海市城市建设设计研究总院（集团）有限公司
　　　　　　　上海正弘建设工程顾问有限公司
　　　　　　　上海市政工程设计研究总院（集团）有限公司
　　　　　　　上海事通工程造价咨询监理有限公司
　　　　　　　上海市房地产科学研究院
　　　　　　　上海燃气工程设计研究有限公司
　　　　　　　上海燃气有限公司
　　　　　　　建经投资咨询有限公司
主要起草人：孙晓东　蒋宏彦　张　竹　陶圣洁　江伟东　吉　菁　陈晓宇
　　　　　　　林韩涵　夏　宁　周彦彤　王艺蕾　骆青桦　乐嘉栋　徐　俊
　　　　　　　陈霞娟　江　卫　李　娟　李朝晖　何伊君　宋　奕　沈　新
　　　　　　　周忠奎　施　蓓　徐云雷　金　鹤　杨　旻　张　泉　濮忆秋
　　　　　　　周　俊　刘震宇　俞　洋　孙范凡　杨凤琳　黄志挺　俞　阳
　　　　　　　康元鸣　许　奇
主要审查人：朱盛波　宋　玮　郭辰健　孔庆芳　黄　英　顾美萍　陈传胜

上海市建筑建材业市场管理总站

2019年12月

目　次

Contents

1 总　则

1.0.1　为规范本市建设工程造价指标指数的分类、分析与测算方法，提高建设工程造价指标指数在工程项目建设宏观决策、行业监管中的指导作用，更好地服务建设工程相关主体，制定本标准。

1.0.2　本标准适用范围：本市新建、扩建、改建的房屋建筑与安装工程、仿古建筑工程、市政工程、园林绿化工程、城市轨道交通工程、公路工程、水利工程以及房屋修缮工程的造价指标指数分类、分析与测算。

1.0.3　建设工程造价指标指数分类、分析与测算除应符合本标准外，尚应符合国家和本市现行有关标准的规定。

2 术 语

2.0.1 建设项目 struction project

建设项目也可称为基本建设项目，是按一个总体规划或设计进行建设的，由一个或若干个互有内在联系的单项工程组成的工程总和。

2.0.2 单项工程 sectional works

具有独立的设计文件，建成后能够独立发挥生产能力或使用功能的工程项目。

2.0.3 单位工程 construction unit

具有独立的设计文件，能够独立组织施工，但不能独立发挥生产能力或使用功能的工程项目。

2.0.4 工程费用 construction cost

建设期内直接用于工程建设、设备购置、机器安装的建设投资。

2.0.5 建筑安装工程费 civil and erection cost

为完成工程项目建造、生产性设备及配套工程安装所需的费用。

2.0.6 设备和工器具购置费 purchase cost of equipment and tools

购置或自制的达到固定资产标准的设备、工器具及生产家具等所需的费用。

2.0.7 人工费 labour cost

支付给直接从事建筑安装工程施工作业的生产工人的各项费用。

2.0.8 材料费 material cost

工程施工过程中耗费的各种原材料、半成品、构配件、工程设备等的费用以及周转材料等的摊销、租赁费用。材料费包括材料（或工程设备）原价、运杂费、运输损耗费和采购及保管费等（不包含增值税可抵扣进项税额）。

2.0.9 机械费 machinery cost

施工机械作业发生的使用费或租赁费。

2.0.10 企业管理费和利润 enterprise management fees and profits

施工单位为组织施工生产和经营管理所发生的费用和所获得的盈利。

2.0.11 规费 fees

按国家法律、法规规定以及本市有关部门规定，施工单位必须缴纳并计入建筑安装工程造价的费用，包括社会保险费和住房公积金等。

2.0.12 税金（特指增值税销项税额） tax

施工单位应缴纳的增值税。

2.0.13 工程造价指标 construction cost indices

建设工程整体或局部在某一时间、一定计量单位的造价水平和工料机消耗量的数值。

2.0.14 工程造价指数 construction cost index

反应一定时期的工程造价相对于某一固定时期或以上一时期工程造价的变化方向、趋势和程度的比值或比率。

2.0.15 样本数据　sample data

数据真实、所代表的数据范围内容完整，经筛选确定用来计算建设工程造价指标的造价数据。

3 基本规定

3.0.1 用于测算指标的建设工程造价数据应为实际工程的造价数据。

3.0.2 建设工程造价指标的时间：采用成果文件的编制时间或建设工程合同约定的时间。

3.0.3 建设工程造价指标指数应区分工程分类、造价类别、价格取定期等进行测算。

3.0.4 建设工程造价指标主要包含：建设投资指标、建安工程造价指标、单项工程造价指标、工程经济指标、主要工程量指标、主要工料价格与消耗量指标等。

3.0.5 单位造价或单位工程量指标的分母可结合项目类型或建筑信息模型确定。

3.0.6 建设工程造价指标测算方法分为：数据统计法、典型工程法、汇总计算法和 BIM 数据分析法。

3.0.7 建设工程造价指数测算方法为指数法，指数包括：工料机价格指数、单项工程造价指数、建设工程造价综合指数。

3.0.8 附表中单位为万元应保留到小数点后四位，公里和吨应保留到小数点后三位，其他单位应保留到小数点后两位；百分比应保留到小数点后两位；凡是座、个、套等单位取整数。

3.0.9 各专业的《建设投资指标表》中涉及的费用可根据各审批部门要求进行增减。

3.0.10 各专业的《主要工程量指标表》《主要工料价格与消耗量指标表》中涉及的工程量、工料内容可根据项目实际情况进行增减。

3.0.11 本标准中造价招标表和经济指标表的"占造价比例"应按照该表格合计数的比例进行计算。

4 建设工程造价指标指数分类和编码

4.0.1 建设工程造价指标指数按专业分为：房屋建筑与安装工程、仿古建筑工程、市政工程、园林绿化工程、城市轨道交通工程、公路工程、水利工程、房屋修缮工程。

4.0.2 建设工程造价指标指数按用途分为：工程分类表，工程概况表，单项工程概况表，单项工程特征描述表，建设投资指标表，建安工程造价指标表，单项工程造价指标表，工程经济指标表，主要工程量指标表，主要工料价格与消耗量指标表，分部、分项工程内容定义表等。

4.0.3 建设工程造价指数包括：工料机价格指数、单项工程造价指数、建设工程造价综合指数。

4.0.4 专业分类代码：房屋建筑与安装工程以 A 为首字母；仿古建筑工程以 B 为首字母；市政工程以 C 为首字母；园林绿化工程以 D 为首字母；城市轨道交通工程以 E 为首字母；公路工程以 F 为首字母；水利工程以 G 为首字母；房屋修缮工程以 H 为首字母。

4.0.5 工程分类编码规则：

工程分类编码由一位字母与七或九位（九位用于房屋修缮工程）阿拉伯数字和项目数据上传时间组成。第一位字母为专业分类代码，第一、二位数字为一级名称，第三、四位数字为二级名称，第五、六、七位数字为三级名称（见图 4.0.5-1）；房屋修缮工程第八位数字为四级名称，第九位数字为五级名称（见图 4.0.5-2）。当三级名称为空时，应根据各专业的特性进行补充。

1 房屋建筑与安装工程、仿古建筑工程和房屋修缮工程以高度（m）为三级名称的编号。

例：20m 的康复医院的分类编码为：A0903020 和项目数据上传时间。

2 园林绿化工程以面积（ha）为三级名称的编号。

例：15ha 的防护绿地的分类编码为：D0200015 和项目数据上传时间。

3 轨道交通工程当三级名称为空时，应用阿拉伯数字 000 补足位数。

房屋修缮工程当四、五级名称为空时，应用阿拉伯数字 0 补足位数。

项目数据上传时间由六位数字组成：年月日格式（yymmdd）。

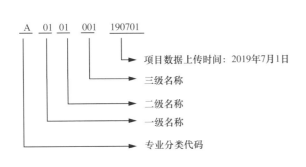

图 4.0.5-1 工程分类编码示意图（除房屋修缮工程外）

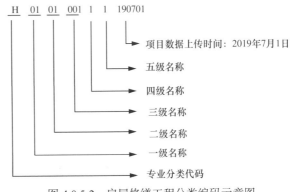

图 4.0.5-2 房屋修缮工程分类编码示意图

4.0.6 当一个项目有几个单项组成时，每一单项工程分别列表。

5 建设工程造价指标测算

5.1 数据统计法

5.1.1 建设工程造价指标采用数据统计法测算时，采用的建设工程造价数据应为样本数据。

5.1.2 建设工程造价数据样本数量达到数据采集最少样本数量时，应使用数据统计法测算建设工程造价指标。最少样本数量应符合表 5.1.2 的规定。

表 5.1.2 指标测算最少样本数量

建设工程数量（个）	最少样本数量（个）
5 ～ 30	5
31 ～ 90	15
91 ～ 180	25
181 ～ 360	35
361 ～ 720	45
720 以上	55

5.1.3 数据统计法计算建设工程经济指标、工程量指标、工料消耗量指标，应将所有样本工程的单位造价、单位工程量、单位消耗量进行排序，从序列两端各去掉 5% 的边缘项目，边缘项目不足 1 时按 1 计算，剩下的样本采用加权平均计算，得出相应的造价指标，按下式计算：

$$P=（P_1 \times S_1 + P_2 \times S_2 + \cdots + P_n \times S_n）/（S_1 + S_2 + \cdots + S_n）\qquad (5.1.3)$$

式中：P——造价指标；

$\quad\quad S$——建设规模；

$\quad\quad n$——样本数 $\times 90\%$。

5.1.4 数据统计法计算建设工程工料价格指标，应采用加权平均法，按下式计算：

$$P=（Y_1 \times Q_1 + Y_2 \times Q_2 + \cdots + Y_n \times Q_n）/（Q_1 + Q_2 + \cdots + Q_n）\qquad (5.1.4)$$

式中：P——造价指标；

$\quad\quad Y$——工料单价；

$\quad\quad Q$——消耗量；

$\quad\quad n$——样本数 $\times 90\%$。

5.2 典型工程法

5.2.1 建设工程造价数据样本数量达不到本标准表 5.1.2 最少样本数量要求时，建设工程造价指标应采用典型工程法测算。

5.2.2 典型工程造价数据宜为样本数据。

5.2.3 典型工程特征应与指标描述相一致。

5.3 汇总计算法

5.3.1 利用下一层级造价指标汇总计算上一层级造价指标时，应采用汇总计算法。

5.3.2 汇总计算法计算指标，应采用加权平均计算方法，权重为指标对应的总建设规模。

5.3.3 汇总计算法宜采用数据统计法得出的指标。

5.4 BIM 数据分析法

5.4.1 当项目采用 BIM 技术实施时，可用 BIM 数据分析法计算造价指标。

5.4.2 采用 BIM 数据分析法计算指标的，应从模型中直接提取相应造价指标的基础量，结合 BIM 平台提供的价格数据，按相应造价指标的计算方法得出计算值。

5.4.3 BIM 数据分析法所提供的造价指标应实现造价指标数据与 BIM 模型的直接链接，达到数据可追溯、可复查的效果。

6 建设工程造价指数测算

6.0.1 工料机价格指数

选择人工、材料、机械基期的价格为 P_j，报告期的价格为 P_a，基期造价指数数值为100。报告期造价指数按下式计算：

$$A = P_a / P_j \times 100 \tag{6.0.1}$$

式中：A——报告期价格指数；

P_a——报告期价格；

P_j——基期价格。

6.0.2 单项工程造价指数

以典型工程为样本，选取材料汇总表中占直接费 3% 及以上的主要材料和所有人工，确定基期，形成典型工程总造价 P_j，选择报告期的价格计入，形成典型工程总造价 P_a，基期造价指数数值为1000，报告期造价指数按下式计算：

$$A = P_a / P_j \times 1000 \tag{6.0.2}$$

式中：A——报告期造价指数；

P_a——报告期总造价；

P_j——基期总造价。

6.0.3 建设工程造价综合指数

在各类建设工程中，当典型工程样本数量达到最少样本数量时，结合当期上海市统计局公布的相关建设工程总投资额与各个建设工程的典型工程造价指数进行综合指数的测算，报告期建设工程造价综合指数按下式计算：

$$A=（A_1 \times X_1 + A_2 \times X_2 + \cdots + A_n \times X_n）/（X_1 + X_2 + \cdots + X_n） \tag{6.0.3}$$

式中：A——报告期建设工程造价综合指数；

A_i——同期各类单项工程造价指数（i=1，2，3，…，n）；

X_i——同期各类单项工程总投资额（i=1，2，3，…，n）。

7 附录导引

编号	表式通用名称
01	工程分类表
02	工程概况表
03	单项工程概况表
04	单项工程特征描述表
05	建设投资指标表
06	建安工程造价指标表、建安投资指标明细表
07	单项工程造价指标表
08	工程经济指标表
09	主要工程量指标表
10	主要工料价格与消耗量指标表
11	分部、分项工程内容定义表
12	功能指标单位索引表

附录 A 房屋建筑与安装工程

编号	名称
A-01	房屋建筑与安装工程分类表
A-02	建筑工程概况表
A-03	单项工程概况表
A-04	单项工程特征描述表
A-05	房屋建筑与安装工程建设投资指标表
A-06	建安工程造价指标表
A-07	单项工程造价指标表
A-08-1	房屋建筑与装饰工程经济指标表
A-09-1	房屋建筑与装饰工程主要工程量指标表
A-10-1	房屋建筑与装饰工程主要工料价格与消耗量指标表
A-11-1	房屋建筑与装饰工程分部、分项工程内容定义表
A-08-2	安装工程经济指标表
A-08-2-1	电气工程经济指标表
A-08-2-2	建筑智能化工程经济指标表
A-08-2-3	通风空调工程经济指标表
A-08-2-4	消防工程经济指标表
A-08-2-5	给排水工程经济指标表
A-08-2-6	采暖工程经济指标表
A-08-2-7	室内燃气工程经济指标表
A-08-2-8	医疗气体工程经济指标表
A-08-2-9	锅炉设备安装工程经济指标表
A-08-2-10	蒸汽及凝结水系统工程经济指标表
A-08-2-11	压缩空气系统工程经济指标表
A-08-2-12	电梯安装工程经济指标表
A-09-2-1	电气工程主要工程量指标表
A-09-2-2	建筑智能化工程主要工程量指标表
A-09-2-3	通风空调工程主要工程量指标表
A-09-2-4	消防工程主要工程量指标表
A-09-2-5	给排水工程主要工程量指标表
A-09-2-6	采暖工程主要工程量指标表
A-09-2-7	室内燃气工程主要工程量指标表
A-09-2-8	医疗气体工程主要工程量指标表
A-09-2-9	锅炉设备安装工程主要工程量指标表
A-09-2-10	蒸汽及凝结水系统工程主要工程量指标表
A-09-2-11	压缩空气系统工程主要工程量指标表
A-09-2-12	电梯安装工程主要工程量指标表
A-10-2-1	电气工程主要工料价格与消耗量指标表
A-10-2-2	建筑智能化工程主要工料价格与消耗量指标表
A-10-2-3	通风空调工程主要工料价格与消耗量指标表
A-10-2-4	消防工程主要工料价格与消耗量指标表
A-10-2-5	给排水工程主要工料价格与消耗量指标表
A-10-2-6	采暖工程主要工料价格与消耗量指标表
A-10-2-7	室内燃气工程主要工料价格与消耗量指标表
A-10-2-8	医疗气体工程主要工料价格与消耗量指标表
A-10-2-9	锅炉设备安装工程主要工料价格与消耗量指标表
A-10-2-10	蒸汽及凝结水系统工程主要工料价格与消耗量指标表
A-10-2-11	压缩空气系统工程主要工料价格与消耗量指标表
A-10-2-12	电梯安装工程主要工料价格与消耗量指标表
A-11-2	安装工程分部、分项工程内容定义表
A-12	安装工程功能指标单位索引表

附录 B 仿古建筑工程

编号	名称
B-01	仿古建筑工程分类表
B-02	仿古建筑工程概况表
B-03	单项工程概况表
B-04	单项工程特征描述表
B-05	仿古建筑工程建设投资指标表
B-06	建安工程造价指标表
B-07	单项工程造价指标表
B-08	仿古建筑工程经济指标表
B-09	仿古建筑工程主要工程量指标表
B-10	仿古建筑工程主要工料价格与消耗量指标表
B-11	仿古建筑工程分部、分项工程内容定义表

编号	名称

附录 C 市政工程

编号	名称
C-01	市政工程分类表
C-02	市政工程概况表
C-03-1	道路工程概况表
C-03-2	桥梁工程概况表
C-03-3	越江隧道与地下通道工程概况表
C-03-4	给水管道工程概况表
C-03-5	排水管道工程概况表
C-03-6	燃气管道工程概况表
C-03-7	路灯工程概况表
C-05	市政工程建设投资指标表
C-07	单项工程造价指标表
C-08-1	道路工程经济指标表
C-08-2	桥梁工程经济指标表
C-08-3	越江隧道与地下通道工程经济指标表
C-08-4	给水管道工程经济指标表
C-08-5	排水管道工程经济指标表
C-08-6	燃气管道工程经济指标表
C-08-7	路灯工程经济指标表
C-09-1	道路工程主要工程量指标表
C-09-2	桥梁工程主要工程量指标表
C-09-3	越江隧道与地下通道工程主要工程量指标表
C-09-4	给水管道工程主要工程量指标表
C-09-5	排水管道工程主要工程量指标表
C-09-6	燃气管道工程主要工程量指标表
C-09-7	路灯工程主要工程量指标表
C-10-1	道路工程主要工料价格与消耗量指标
C-10-2	桥梁工程主要工料价格与消耗量指标表
C-10-3	越江隧道与地下通道工程主要工料价格与消耗量指标表
C-10-4	给水管道工程主要工料价格与消耗量指标表
C-10-5	排水管道工程主要工料价格与消耗量指标表
C-10-6	燃气管道工程主要工料价格与消耗量指标表
C-10-7	路灯工程主要工料价格与消耗量指标表
C-11	市政工程分部、分项工程内容定义表

附录 D　园林绿化工程

编号	名称
D–01	园林工程分类表
D–02	园林工程概况表
D–03	单项工程概况表
D–05	园林工程建设投资指标表
D–06	建安工程造价指标表
D–07	单项工程造价指标表
D–08	园林工程经济指标表
D–09	园林工程主要工程量指标表
D–10	园林工程主要工料价格与消耗量指标表
D–11	园林工程分部、分项工程内容定义表

附录 E 城市轨道交通工程

编号	名称
E-01	城市轨道交通工程分类表
E-02	城市轨道交通工程概况表
E-03-1	车站土建工程概况表
E-03-2	区间土建工程概况表
E-03-3	设备安装工程概况表
E-05	城市轨道交通工程建设投资指标表
E-06	城市轨道交通工程建安投资指标明细表
E-07	单项工程造价指标表
E-08-1	城市轨道交通地下车站土建工程经济指标表
E-08-2	城市轨道交通高架车站土建工程经济指标表
E-08-3	城市轨道交通地面车站土建工程经济指标表
E-08-4	城市轨道交通车站装饰工程经济指标表
E-08-5	城市轨道交通区间土建工程经济指标表
E-08-6	城市轨道交通轨道工程经济指标表
E-08-7	城市轨道交通设备安装工程经济指标表
E-09-1	城市轨道交通车站土建工程主要工程量指标表
E-09-2	城市轨道交通区间土建工程主要工程量指标表
E-09-3	城市轨道交通轨道工程主要工程量指标表
E-09-4	城市轨道交通通信信号工程主要工程量指标表
E-09-5	城市轨道交通供电、智能与控制工程主要工程量指标表
E-09-6	城市轨道交通机电设备安装、车辆基地工艺设备主要工程量指标表
E-10-1	城市轨道交通车站土建工程主要工料价格与消耗量指标表
E-10-2	城市轨道交通区间土建工程主要工料价格与消耗量指标表
E-10-3	城市轨道交通轨道工程主要工料价格及消耗量指标
E-10-4	城市轨道交通通信信号工程主要工料价格及消耗量指标
E-10-5	城市轨道交通供电、智能与控制工程主要工料价格及消耗量指标
E-10-6	城市轨道交通机电设备安装、车辆基地工艺设备主要工料价格及消耗量指标
E-11	城市轨道交通工程分部、分项工程内容定义表

附录 F 公路工程

编号	名称
F-01	公路工程分类表
F-02	公路工程概况表
F-03	单项工程概况表
F-05	公路工程建设投资指标表
F-07	单项工程造价指标表
F-08	公路工程经济指标表
F-09	公路工程主要工程量指标表
F-10	公路工程主要工料价格与消耗量指标表
F-11	公路工程分部、分项工程内容定义表

附录 G 水利工程

编号	名称
G-01	水利工程分类表
G-02	水利工程概况表
G-03	单项工程概况表
G-05	水利工程建设投资指标表
G-06	建安工程造价指标表
G-07	单项工程造价指标表
G-08	水利工程经济指标表
G-09	水利工程主要工程量指标表
G-10	水利工程主要工料价格与消耗量指标表
G-11	水利工程分部、分项工程内容定义表

附录 H 房屋修缮工程

编号	名称
H-01	房屋修缮工程分类表
H-02	房屋修缮工程概况表
H-03	房屋修缮单项（幢）工程概况表
H-05	房屋修缮工程建设投资指标表
H-06	建安工程造价指标表
H-07	房屋修缮单项（幢）造价指标表
H-08	房屋修缮工程经济指标表
H-09	房屋修缮工程主要工程量指标表
H-10	房屋修缮工程主要工料价格与消耗量指标表
H-11	房屋修缮工程分部、分项工程内容定义表

附录 A 房屋建筑与安装工程

A-01 房屋建筑与安装工程分类表

名称	编码	一级名称	二级名称	三级名称
房屋建筑与安装工程 A	A0101001	商品住宅	多层住宅	6层及6层以下
	A0102001		高层住宅	中高层（7～9）层
	A0102002			高层（10层及10层以上）
	A0103001		超高层住宅	建筑总高度100m以上
	A0104001		别墅	独栋别墅
	A0104002			联体别墅
	A0104003			叠拼别墅
	A0201001	保障房	多层住宅	6层及6层以下
	A0202001		高层住宅	中高层（7～9）层
	A0202002			高层（10层及10层以上）
	A0203001		超高层住宅	建筑总高度100m以上
	A0301001	酒店式公寓	多层酒店式公寓	6层及6层以下
	A0302001		高层酒店式公寓	中高层（7～9）层
	A0302002			高层（10层及10层以上）
	A0303001		超高层酒店式公寓	建筑总高度100m以上
	A0401001	福利院、养老院	多层	低层（1～3）层
	A0401002			多层（4～6）层
	A0402001		高层	中高层（7～9）层
	A0402002			高层（10层及10层以上）
	A0501000	商业建筑	购物中心（综合餐饮、超市、娱乐项目）	
	A0502000		会展中心	
	A0503000		超市及大卖场	
	A0504000		批发市场	
	A0505000		交易所	
	A0506000		餐厅	
	A0601000	旅馆酒店建筑	城市快捷酒店	
	A0602001		星级宾馆	五星
	A0602002			四星
	A0602003			三星及以下
	A0603000		度假村	
	A0701001	文化建筑	图书馆	市级
	A0701002			区级
	A0702000		博物馆	

名称	编码	一级名称	二级名称	三级名称
房屋建筑与安装工程A	A0703000	文化建筑	展览馆	
	A0704000		艺术馆	
	A0705000		纪念馆	
	A0706000		文化馆	
	A0707000		科技馆	
	A0708000		美术馆	
	A0709000		档案馆	
	A0710000		音乐厅（歌剧院）	
	A0711000		舞蹈中心	
	A0712000		游乐场馆	
	A0713000		宗教寺院	
	A0801001	卫生建筑	综合医院	门诊楼
	A0801002			医技楼
	A0801003			病房楼
	A0802001		专科医院	门诊楼
	A0802002			医技楼
	A0802003			病房楼
	A0803000		康复医院	
	A0804001		疾控中心	市级
	A0804002			区级
	A0805000		社区卫生中心	
	A0901001	办公建筑	写字楼（行政办公楼）	多层办公楼（6层及6层以下）
	A0901002			高层办公楼（6层以上）（建筑总高度24m以上）
	A0901003			超高层办公楼（建筑总高度100m以上）
	A0902001		商办楼	多层商办楼（6层及6层以下）
	A0902002			高层商办楼（6层以上）（建筑总高度24m以上）
	A0902003			超高层办公楼（建筑总高度100m以上）
	A1001001	科研建筑	科研楼	多层办公楼（6层及6层以下）
	A1001002			高层办公楼（6层以上）（建筑总高度24m以上）
	A1001003			超高层办公楼（建筑总高度100m以上）

名称	编码	一级名称	二级名称	三级名称
房屋建筑与安装工程A	A1002001	科研建筑	天文台	光学天文台
	A1002002			射电天文台
	A1002003			空间天文台
	A1003000		物理研究所	
	A1004000		科创中心	
	A1101000	教学建筑	幼儿园、托儿所	
	A1102001		中小学教学楼	多层教学楼（6层及6层以下）
	A1102002			高层教学楼（6层以上）（建筑总高度24m以上）
	A1103001		高等学校教学楼	多层教学楼（6层及6层以下）
	A1103002			高层教学楼（6层以上）（建筑总高度24m以上）
	A1104001		高等学校行政楼	多层教学楼（6层及6层以下）
	A1104002			高层教学楼（6层以上）（建筑总高度24m以上）
	A1105001		职业学校培训中心	多层教学楼（6层及6层以下）
	A1105002			高层教学楼（6层以上）（建筑总高度24m以上）
	A1201000	体育建筑	体育馆	
	A1202001		体育场	6万人以上
	A1202002			6万人以下
	A1203001		足球场	4万人以上
	A1203002			4万人以下
	A1204000		游泳馆（池）	
	A1205000		训练馆（场）	
	A1206000		赛马场	
	A1207000		赛车场	
	A1208001		滑雪场	室内
	A1208002			室外
	A1209000		水上运动中心	
	A1210000		高尔夫球场	
	A1211000		健身房	
	A1212000		其他运动场馆	
	A1301000	交通建筑	火车站	
	A1302000		客运中心	
	A1303000		轮渡站	
	A1304000		港口码头	
	A1305001		机场	飞行区

名称	编码	一级名称	二级名称	三级名称
房屋建筑与安装工程A	A1305002	交通建筑	机场	航站区
	A1305003			进出机场地面交通系统
	A1305004			综合体
	A1401000	广播电影电视建筑	电视塔（信号发射塔）	
	A1402000		电视台	
	A1403000		广播电台	
	A1404000		其他	
	A1500000	垃圾分类处理设施		
	A1600000	公共厕所		
	A1700000	纪念塔（碑）		
	A1801000	汽车库	地下汽车库	
	A1802000		高层汽车库	
	A1803000		复式汽车库	
	A1804000		敞开式汽车库	
	A1901000	厂房	普通单层厂房	
	A1902000		普通多层厂房	
	A1903000		普通高层厂房	
	A1904000		智能厂房	
	A2001000	站房	加油站	
	A2002000		变电站	
	A2003000		泵房（站）	
	A2004000		其他	
	A2101000	物流仓库	单层仓库	
	A2102000		多层仓库	
	A2200000	粮库		
	A2300000	冷库		

名称	编码	一级名称	二级名称	三级名称

A-02 建筑工程概况表

编码：

名　　称	内　　容	备　　注
工程名称		
报建编号		
项目性质		
投资主体		
承发包模式		
工程地点		
开工日期		
竣工日期		
总建筑面积（m²）		
总占地面积（m²）		
单项工程组成		
单项工程 1　……		填写各单体组成的名称、主要功能参数和数量
单项工程 2　……		填写各单体组成的名称、主要功能参数和数量
……		填写各单体组成的名称、主要功能参数和数量
室外总体		
项目总投资（万元）		
单位造价（元/m²）		总投资/建筑面积
建安工程费（万元）		
单位建安造价（元/m²）		
计价方式		
造价类别		
编制依据		
价格取定期		

注：1　项目性质：新建、扩建、改建。

　　2　投资主体：国资、国资控股、集体、私营、其他。

　　3　承发包模式：公开招标、邀请招标、其他。

　　4　计价方式：清单、定额、其他。

　　5　造价类别：概算价、预算价、最高投标限价、合同价和结算价等。

A-03　单项工程（　　　）概况表

编码：

名　　称		内　　容
单项工程名称		
建筑面积（m²）		建筑面积_____ 其中：地上_____　　地下_____
建筑和安装工程造价（万元）		总造价_____ 其中：地上_____　　地下_____
建安工程单位造价（元/m²）		单位造价_____ 其中：地上_____　　地下_____
结构类型		
基础类型及埋置深度（m）		类型_____　　　　埋置深度_____
建筑高度（檐口）（m）		
层数（层）		地上_____　　　　地下_____
层高（m）		其中：首层_____　　标准层_____
室内外高差		
建筑节能（星级及具体做法）		
海绵城市（具体做法）		屋顶绿化、透水地面等
装配式建筑	预制率	
	装配率	
抗震设防烈度（度）		
……		
主要安装工程		1.电气工程□ 2.建筑智能化工程□ 3.通风空调工程□ 4.消防工程 5.给排水工程□ 6.采暖工程□ 7.燃气工程□ 8.医疗气体工程□ 9.锅炉房安装工程□ 10.蒸汽及凝结水系统工程□ 11.压缩空气系统工程□ 12.电梯设备安装工程□

注：1　各单项工程分别描述。

　　2　建筑物地上、地下划分标准为：地下室顶板（含顶板）或 ±0.000 以下为地下部分，地下室顶板（不含顶板）或 ±0.000 以上为地上部分。

　　3　建筑面积计算按《建筑工程建筑面积计算规范》GB/T 50353－2013 执行。

名　　称			内　　容
建筑工程	土（石）方工程		挖土深度、有无支撑
	地基处理与边坡支护工程		地下连续墙（长度、厚度、深度）； 钻孔灌注桩（根数、长度、直径）； 钢板桩（长度、形式）； 支撑（形式）； 深层搅拌桩（长度、形式）； 土钉墙
	桩基工程		桩的形式、根数、长度、截面尺寸； 基础形式：满堂基础、桩承台、条形基础、独立基础、杯形基础
	砌筑工程	外墙	材料
		内墙	材料
	混凝土及钢筋混凝土工程		混凝土强度等级
	金属结构工程		使用部位、材质
	木结构工程		使用部位、材质
	屋面及防水工程		材料 屋顶绿化 屋面雨水断接
	防腐、隔热、保温工程		外保温、内保温
	其他工程		
装饰装修工程	楼地面工程		材料
	墙柱面工程		材料 外墙垂直绿化
	天棚工程		材料
	门窗工程（含幕墙）		门窗材质（幕墙形式）
	油漆、涂料、裱糊工程		材料
	其他工程		
安装工程	电气工程		变压器总容量（kVA） 变压器：规格、数量（台）
			发电机组总容量（kW） 发电机：规格、数量（台）
			管道材质
	建筑智能化工程		计算机应用、网络系统工程□
			综合布线系统工程□
			建筑设备自动化系统工程□
			建筑信息综合管理系统工程□
			有线电视、卫星接线系统工程□
			音频、视频系统工程□
			安全防范系统工程□

名　　称		内　　容
安装工程	建筑智能化工程	程控交换机系统工程□
		信息引导及发布系统工程□
		智能灯光控制系统工程□
		能量计量系统工程□
		客控管理控制系统工程□
		车位引导系统工程□
		酒店门锁系统工程□
		其他建筑智能化系统工程□
	通风空调工程	空调系统形式： 1. 中央空调 　总制冷（热）量（kW） 　制冷机组：类型、规格、数量（台） 　空调水泵：类型、规格、数量（台） 2. 多联体空调系统 　总制冷（热）量（kW） 　室外机数量（台） 　室内机数量（台） 3. 分体式空调系统 　总制冷（热）量（kW） 　数量（台） 4. 净化空调系统 　净化等级（万级） 　总制冷（热）量（kW） 　净化机组：类型、规格、数量（台） 5. 其他空调系统 　总制冷（热）量（kW）
		冷却塔总容量（m³/h） 冷却塔：类型、规格、数量（台） 冷却水泵：类型、规格、数量（台）
		管道材质
	消防工程	消火栓泵：规格、数量（台）
		喷淋泵：规格、数量（台）
		消防水箱（水池）：规格、材质、数量（台）
		喷淋头总数（个），其中：上下喷头（个）
		室内消火栓：规格、数量（台）
		气体灭火系统控制区域总体积（m³）
		泡沫灭火系统控制区域总体积（m³）
		火灾自动报警系统探测器数量（个）
		管道材质
	给排水工程	水泵：类型、规格、数量（台）

名　称		内　容
安装工程	给排水工程	生活水箱（水池）：规格、材质、数量（台）
		卫生器具：（套） 洗脸盆（套） 洗涤盆（套） 坐便器（套） 蹲便器（套） 小便斗（套） 浴缸（套） 淋浴器（套）
		蓄渗装置：形状、尺寸、数量（m³）
		太阳能集热装置：规格、数量（台）
		管道材质
	采暖工程	采暖设备：名称、规格、数量（台）
		供暖器具：名称、规格、数量（台）
		地板采暖面积（m²）
		管道材质
	室内燃气工程	燃气设备：名称、规格、数量（台）
		管道材质
	医疗气体工程	医疗气体终端数量（个）
		管道材质
	锅炉设备安装工程	热水锅炉总容量（kW） 蒸汽锅炉总容量（t/h） 烟囱、烟道材质
	蒸汽及凝结水系统工程	蒸汽及凝结水系统总容量（m³/h） 管道材质
	压缩空气系统工程	压缩机：规格、数量（台） 管道材质
	电梯安装工程	垂直电梯： 功能名称：速度（m/s）、停靠站（站/门）、载重（t）、提升高度（m）；数量（台）
		自动扶梯 功能名称：速度（m/s）、角度（°）、提升高度（m）；数量（台）
		自动步行道 功能名称：速度（m/s）、长度（m）；数量（台）
		轮椅升降台 功能名称：重量（t）；数量（台）

A-05 房屋建筑与安装工程建设投资指标表

编码：

序号	名称	金额（万元）	单位造价（元/m²）	占总投资比例（%）	备注
1	工程费用				
1.1	建筑安装工程费				
1.2	设备及工器具购置费				
2	工程建设其他费用				
2.1	建设单位管理费				
2.2	代建管理费				
2.3	场地准备及临时设施费				
2.4	前期工程咨询费				
2.5	勘察设计费				
2.6	工程监理费（含财务监理）				
2.7	工程量清单编制费				
2.8	招标代理服务费				
	……				
3	预备费				
3.1	基本预备费				
3.2	价差预备费				
	……				
4	建设期利息和流动资金				
5	土地及房屋征收补偿费用				
6	管线搬迁费用				
	合计				

注：1 前期工程咨询费包含：项目建议书编制费、可行性研究报告编制费、环境影响报告编制费、节能评估报告编制费、社会稳定风险评估报告编制费。

2 未发生的费用，填"0"。

A-06 建安工程造价指标表

序号	单项工程名称	造价 （万元）	单位造价 （元/m²）	占造价比例 （%）
1	单项工程一			
2	单项工程二			
3	单项工程三			
4	……			
5	室外总体			
	合计			

A-07 单项工程（　　）造价指标表

名称	造价 （元）	其中				单位造价 （元/m²）	占造价 比例 （%）
		人工费 （元）	材料费 （元）	机械费 （元）	管理费和 利润（元）		
1 分部分项工程费							
1.1 建筑与装饰工程							
1.2 安装工程							
2 措施项目费							
2.1 建筑与装饰工程							
2.2 安装工程							
3 其他项目费							
4 规费							
4.1 建筑与装饰工程							
4.2 安装工程							
5 税金							
5.1 建筑与装饰工程							
5.2 安装工程							
合计							

A-08-1 房屋建筑与装饰工程经济指标表

名称	造价（元）	单位造价（元/m²）	占造价比例（%）	备注
土（石）方工程				
地基处理与边坡支护工程				
桩基工程				
砌筑工程				
混凝土及钢筋混凝土工程				
金属结构工程				
木结构工程				
屋面及防水工程				
防腐、隔热、保温工程				
楼地面装饰工程				
墙、柱面装饰与隔断工程				
天棚工程				
门窗工程（含幕墙）				
油漆、涂料、裱糊工程				
其他装饰工程				
措施项目				
合计				

A-09-1　房屋建筑与装饰工程主要工程量指标表

工程量名称		单位	工程量	单位工程量指标
土（石）方开挖量		m³		
土（石）方回填量		m³		
承重桩		m³		
围护桩		m³		
护坡		m²		
支撑		m³，t		
地基加固		m²		
砌体		m³		
柱混凝土		m³		
柱模板		m²		
墙混凝土		m³		
墙模板		m²		
梁混凝土		m³		
梁模板		m²		
板混凝土		m³		
板模板		m²		
钢材	型材	t		
	钢筋	t		
外墙保温		m²		
门		m²		
窗		m²		
预制墙		m³		
预制板		m³		
预制梁		m³		
预制柱		m³		
预制楼梯		m³		
预制阳台		m³		
商品砂浆		m³		
防水卷材		m²		
防水涂料		kg		
楼地面装饰		m²		
天棚装饰		m²		
内墙装饰		m²		
外墙装饰		m²		
幕墙		m²		
……		……		
工程量名称		单位	工程量	单位工程量指标

A-10-1　房屋建筑与装饰工程主要工料价格与消耗量指标表

工料名称		单位	数量	金额	单位消耗量指标
综合人工		工日			
预拌混凝土		m³			
商品砂浆		m³			
模板		m²			
钢材	型材	t			
	钢筋	t			
外墙保温		m²			
门		m²			
窗		m²			
预制楼板		m²			
预制梁		m³			
预制柱		m³			
预制楼梯		m³			
预制阳台		m³			
砌块		m³			
防水卷材		m²			
防水涂料		kg			
木材		m³			
油漆		kg			
涂料		kg			
板材		m²			
块料		m²			
石材		m²			
……		……			

A-11-1 房屋建筑与装饰工程分部、分项工程内容定义表

分部分项工程	工作内容
土（石）方工程	平整场地，土（石）方开挖，土（石）方回填，土（石）方外运
地基处理与边坡支护工程	素土、灰土地基，砂和砂石地基，土工合成材料地基，粉煤灰地基，强夯地基，注浆加固地基，预压地基，振冲地基，高压喷射注浆地基，水泥土搅拌桩地基，土和灰土挤密桩地基，水泥粉煤灰碎石桩地基，夯实水泥土桩地基，砂桩地基；灌注桩排桩围护墙，重力式挡土墙，板桩围护墙，型钢水泥土搅拌墙，土钉墙与复合土钉墙，地下连续墙，咬合桩围护墙，沉井与沉箱，钢或混凝土支撑，锚杆（索），与主体结构相结合的基坑支护
桩基工程	先张法预应力管桩，钢筋混凝土预制桩，钢桩，泥浆护壁混凝土灌注桩，长螺旋钻孔压灌桩，沉管灌注桩，干作业成孔灌注桩，锚杆静压桩
砌筑工程	砖基础，砖砌体，混凝土小型空心砌块砌体，石砌体，配筋砌体，非钢筋混凝土垫层
混凝土及钢筋混凝土工程	钢筋，现浇混凝土，预制混凝土构件、预埋螺栓、铁件
金属结构工程	钢结构柱、梁、板、墙、屋架、托架、桁架，金属制品
木结构工程	木屋架，木构件，屋面木基层
屋面及防水工程	卷材防水层，涂膜防水层，复合防水层，接缝密封防水；烧结瓦和混凝土瓦铺装，沥青瓦铺装，金属板铺装，玻璃采光顶铺装，膜结构屋面；檐口，檐沟和天沟，女儿墙和山墙，水落口，变形缝，伸出屋面管道，屋面出入口，反梁过水孔，设施基座，屋脊，屋顶窗
保温、隔热、防腐工程	地面、柱、梁、墙、天棚、屋面保温隔热，防腐面层
楼地面装饰工程	找平层，整体面层，块料面层，橡塑面层，木地板，楼梯面层，台阶面层及各类踢脚线
墙、柱面装饰与隔断工程	墙、柱（梁）面抹灰，墙、柱（梁）块料面层，装饰板，木饰面，各类隔断
天棚工程	天棚抹灰，各类吊顶天棚，天棚装饰
门窗工程（含幕墙）	木门窗安装，金属门窗安装，塑料门窗安装，塑钢门窗安装，特种门安装，门窗套，窗台板，窗帘，窗帘盒，轨道，幕墙
油漆、涂料、裱糊工程	各类木饰面、金属面、抹灰面油漆，柱面、梁面、墙面、顶面涂料，金属面防水涂料，柱面、梁面、墙面裱糊
其他装饰工程	柜类、货架，压条、装饰线，扶手、栏杆、栏板装饰，暖气罩，浴厕配件，雨篷、旗杆，招牌、灯箱，美术字
措施项目	模板、脚手架、垂直运输、超高运输、大型机械进出场及安拆、施工排水、降水、安全文明措施费及其他措施
室外总体工程	道路，绿化（含景观），围墙，变电房，门卫（值班室），垃圾房，其他

名称	造价（元）	单位造价（元 /m²）	占造价比例（%）	备注
电气工程				
建筑智能化工程				
通风空调工程				
消防工程				
给排水工程				
采暖工程				
室内燃气工程				
医疗气体工程				
锅炉设备安装工程				
蒸汽及凝结水系统工程				
压缩空气系统工程				
电梯安装工程				
合计				

A-08-2-1　电气工程经济指标表

名称	造价（元）	单位造价		占造价比例（%）	备注
		元 /m²	元 / 功能单位		
变压器安装					
配电装置安装					
母线安装					
控制设备及低压电器安装					
蓄电池安装					
电机检查接线及调试					
滑触线装置安装					
电缆安装					
防雷及接地装置					
10kV 以下架空配电线路					
配管、配线					
照明器具安装					
附属工程					
电气调整试验					
柴油发电机					
合计					

注：单位造价"元 /m²"中"m²"为建筑面积，功能单位详见表 A-12 安装工程功能指标单位索引表。

A-08-2-2　建筑智能化工程经济指标表

名称	造价（元）	单位造价		占造价比例（%）	备注
		元/m²	元/功能单位		
计算机应用、网络系统工程					
综合布线系统工程					
建筑设备自动化系统工程					
建筑信息综合管理系统工程					
有线电视、卫星接收系统工程					
音频、视频系统工程					
安全防范系统工程					
程控交换机系统工程					
信息引导及发布系统工程					
智能灯光控制系统工程					
能量计量系统工程					
客控管理控制系统工程					
车位引导系统工程					
酒店门锁系统工程					
弱电桥架					
合计					

注：单位造价"元/m²"中"m²"为建筑面积，功能单位详见表 A-12 安装工程功能指标单位索引表。

A-08-2-3　通风空调工程经济指标表

名称	造价（元）	单位造价		占造价比例（%）	备注
		元/m²	元/功能单位		
通风系统					
空调系统					
防排烟系统					
人防通风系统					
制冷机房					
换热站					
空调水系统					
多联体空调系统					
冷却循环水系统					
净化空调系统					
通风空调工程系统调试					
合计					

注：单位造价"元/m²"中"m²"为建筑面积，功能单位详见表 A-12 安装工程功能指标单位索引表。

A-08-2-4 消防工程经济指标表

名称	造价（元）	单位造价		占造价比例（%）	备注
		元/m²	元/功能单位		
水灭火系统					
气体灭火系统					
泡沫灭火系统					
火灾自动报警系统					
消防系统调试					
合计					

注：单位造价"元/m²"中"m²"为建筑面积，功能单位详见表 A-12 安装工程功能指标单位索引表。

A-08-2-5 给排水工程经济指标表

名称	造价（元）	单位造价		占造价比例（%）	备注
		元/m²	元/功能单位		
给水工程					
中水工程					
热水工程					
排水工程					
雨水工程					
压力排水工程					
合计					

注：单位造价"元/m²"中"m²"为建筑面积，功能单位详见表 A-12 安装工程功能指标单位索引表。

A-08-2-6 采暖工程经济指标表

名称	造价（元）	单位造价		占造价比例（%）	备注
		元/m²	元/功能单位		
采暖管道					
管道附件					
供暖器具					
采暖设备					
采暖工程系统调试					
合计					

注：单位造价"元/m²"中"m²"为建筑面积，功能单位详见表 A-12 安装工程功能指标单位索引表。

A-08-2-7　室内燃气工程经济指标表

名称	造价（元）	单位造价		占造价比例（%）	备注
		元 /m²	元 / 功能单位		
燃气管道					
管道附件					
燃气器具					
燃气报警装置					
合　计					

注：单位造价"元 /m²"中"m²"为建筑面积，功能单位详见表 A-12 安装工程功能指标单位索引表。

A-08-2-8　医疗气体工程经济指标表

名称	造价（元）	单位造价		占造价比例（%）	备注
		元 /m²	元 / 功能单位		
医疗气体管道					
管道附件					
医疗气体设备及附件					
合计					

注：单位造价"元 /m²"中"m²"为建筑面积，功能单位详见表 A-12 安装工程功能指标单位索引表。

A-08-2-9　锅炉设备安装工程经济指标表

名称	造价（元）	单位造价		占造价比例（%）	备注
		元 /m²	元 / 功能单位		
锅炉本体设备安装					
锅炉附属及辅助设备安装					
烟道					
管道及附件					
合计					

注：单位造价"元 /m²"中"m²"为建筑面积，功能单位详见表 A-12 安装工程功能指标单位索引表。

A-08-2-10　蒸汽及凝结水系统工程经济指标表

名称	造价（元）	单位造价		占造价比例（%）	备注
		元 /m²	元 / 功能单位		
蒸汽及凝结水系统管道					
管道附件					
合计					

注：单位造价"元 /m²"中"m²"为建筑面积，功能单位详见表 A-12 安装工程功能指标单位索引表。

A-08-2-11 压缩空气系统工程经济指标表

名称	造价（元）	单位造价		占造价比例（%）	备注
		元/m²	元/功能单位		
压缩机安装					
压缩机附属及辅助设备安装					
压缩空气系统管道					
管道附件					
合计					

注：单位造价"元/m²"中"m²"为建筑面积，功能单位详见表 A-12 安装工程功能指标单位索引表。

A-08-2-12 电梯安装工程经济指标表

名称	造价（元）	单位造价		占造价比例（%）	备注
		元/m²	元/功能单位		
电梯安装					
自动扶梯					
自动步行道					
轮椅升降台					
合计					

注：单位造价"元/m²"中"m²"为建筑面积，功能单位详见表 A-12 安装工程功能指标单位索引表。

A-09-2-1 电气工程主要工程量指标表

工程量名称	单位	工程量	单位工程量指标
变压器	台		
高压柜	台		
低压柜	台		
配电箱/柜	台		
蓄电池	台		
滑触线	m		
母线	m		
电缆	m		
避雷针	根		
桥架	m		
线槽	m		
配管	m		
配线	m		
灯具	套		
开关	个		
插座	个		
柴油发电机	台		

A-09-2-2 建筑智能化工程主要工程量指标表

工程量名称	单位	工程量	单位工程量指标
计算机应用、网络系统工程			
输入设备	台		
输出设备	台		
控制设备	台		
存储设备	台		
插箱、机柜	台		
互联电缆	条		
接口卡	台		
集线器	台		
路由器	台		
收发器	台		
防火墙	台		
交换机	台		
网络服务器	台		
软件	套		
综合布线系统工程			
机柜、机架	台		
抗震底座	个		
分线接线箱（盒）	个		
电视、电话插座	个		
双绞线缆	m		
大对数电缆	m		
光缆	m		
配线架	个		
跳线架	个		
信息插座	个		
建筑设备自动化系统工程			
中央管理系统	台		
通信网络控制设备	台		
控制器	台		
控制箱	台		
第三方通信设备接口	台		
传感器	支，台		
电动调节阀执行机构	个		
电动、电磁阀门	个		
建筑信息综合管理系统工程			
服务器	台		
服务器显示设备	台		
通信接口输入输出设备	个		
系统软件	套		
基础应用软件	套		
应用软件接口	套		
应用软件二次	项，点		
各系统联动试运行	系统		
有线电视、卫星接收系统工程			

工程量名称	单位	工程量	单位工程量指标
公用天线	副		
卫星电视天线、馈线系统	副		
前端机柜	个		
电视墙	套		
射频同轴电缆	m		
同轴电缆接头	个		
前端射频设备	台		
卫星地面站接收设备	台		
光端设备安装、调试	台		
有线电视系统管理设备	台		
播控设备安装、调试	台		
干线设备	个		
分配网络	个		
终端调试	个		
音频、视频系统工程			
扩声系统设备	台		
背景音乐系统设备	台		
视频设备	台		
安全防范系统工程			
入侵探测设备	套		
入侵报警控制器	套		
入侵报警中心显示设备	套		
入侵报警信号传输设备	套		
出入口目标识别设备	台		
出入口控制设备	台		
出入口执行机构设备	台		
监控摄像设备	台		
视频控制设备	台		
音频、视频及脉冲分配器	台		
视频补偿器	台		
视频传输设备	套		
录像设备	套		
显示设备	台		
安全检查设备	台		
停车场管理设备	台		
程控交换机系统工程			
主机	台		
接口板	块		
模块	块		
跳线	根		
风扇	套		
滑轨	套		
软件	套		
信息引导及发布系统工程			
显示屏	套		

工程量名称	单位	工程量	单位工程量指标
控制器	台		
软件	套		
智能灯光控制系统工程			
主机	台		
控制面板	台		
模块	块		
软件	套		
能量计量系统工程			
主机	台		
表具	台		
控制器	台		
采集器	台		
软件	套		
客控管理控制系统工程			
主机	台		
控制器	台		
模块	块		
控制面板	台		
指示灯	套		
门铃	个		
软件	套		
车位引导系统工程			
主机	台		
控制器	台		
探头	块		
指示灯	套		
软件	套		
酒店门锁系统工程			
主机	台		
锁具	套		
软件	套		
弱电桥架			
桥架	m		
……	……		

A-09-2-3 通风空调工程主要工程量指标表

工程量名称	单位	工程量	单位工程量指标
通风系统风管	m²		
通风系统阀门	个		
通风系统风口	个		
通风系统轴流通风机	台		
空调系统风管	m²		
空调系统阀门	个		
空调系统风口	个		
消声器	个		
静压箱	个，m²		
空调器	台		
风机盘管	台		
排烟系统风管	m²		
排烟系统阀门	个		
排烟系统风口	个		
排烟系统轴流风机	个		
人防过滤吸收器	台		
人防超压自动排气阀	个		
人防手动密闭阀	个		
空调水管道	m		
多联体空调系统冷媒管道	m		
阀门	个		
冷水机组	台		
换热器	台		
水处理设备	台		
离心式泵	台		
冷却塔	台		
水箱	台		
净化工作台	台		
洁净室	台		
除湿机	台		
净化通风管道	m²		
……	……		

A-09-2-4 消防工程主要工程量指标表

工程量名称	单位	工程量	单位工程量指标
水灭火系统			
喷淋泵	台		
消火栓泵	台		
消火栓管道	m		
喷淋管道	m		
水喷淋（雾）喷头	个		
报警装置	组		
温感式水幕装置	组		
水流指示器	个		
减压孔板	个		
末端试水装置	组		
室内消火栓	套		
消防水泵接合器	套		
灭火器	具		
消防水炮	台		
阀门	个		
消防水箱	台		
气体灭火系统			
气体灭火系统管道	m		
气体驱动装置管道	m		
选择阀	个		
气体喷头	个		
贮存装置	套		
称重检漏装置	套		
无管网气体灭火装置	套		
泡沫灭火系统			
气体灭火系统管道	m		
泡沫发生器	台		
泡沫比例混合器	台		
泡沫液贮罐	台		
火灾自动报警系统			
配管	m		

工程量名称	单位	工程量	单位工程量指标
配线	m		
桥架	m		
点型探测器	个		
线型探测器	m		
按钮	个		
消防警铃	个		
声光报警器	个		
消防报警电话插孔（电话）	个，部		
消防广播（扬声器）	个		
模块（模块箱）	个，台		
区域报警控制箱	台		
联动控制箱	台		
远程控制箱（柜）	台		
火灾报警系统控制主机	台		
联动控制主机	台		
消防广播及对讲电话主机（柜）	台		
火灾报警控制微机（CRT）	台		
备用电源及电池主机（柜）	套		
报警联动一体机	台		
模块	个		
扬声器	个		
……	……		

A-09-2-5 给排水工程主要工程量指标表

工程量名称	单位	工程量	单位工程量指标
离心泵安装	台		
潜水泵安装	台		
给水管	m		
中水管	m		
热水管	m		
排水管	m		
雨水管	m		
压力排水管	m		
阀门	个		
法兰	个		
减压器、减压阀、减压箱	组		
除污器（过滤器）	组		
补偿器	个		
软接头（软管）	个，组		
法兰	副，片		
倒流防止器	套		
水表	组，个		
塑料排水管消声器	个		
除污器（过滤器）	组		
卫生器具	套		
变频给水设备	套		
稳压泵	套		
气压罐	台		
水处理器	台		
热水器	台		
开水炉	台		
直饮水设备	套		
水箱	台		
蓄渗装置	m³		
保温材料	m³		
……	……		

A-09-2-6 采暖工程主要工程量指标表

工程量名称	单位	工程量	单位工程量指标
离心泵安装	台		
换热器	台		
采暖管道	m		
阀门	个		
法兰	个		
热量表	块		
散热器	组，片		
暖风机	台		
地板辐射采暖	m^2，m		
热媒集配装置	台		
集气罐	个		
太阳能集热装置	套		
保温材料	m^3		
……	……		

A-09-2-7 室内燃气工程主要工程量指标表

工程量名称	单位	工程量	单位工程量指标
燃气管道	m		
阀门	个		
燃气开水炉	台		
燃气采暖炉	台		
燃气沸水器、消毒器	台		
燃气热水器	台		
燃气表	块，台		
燃气灶具	台		
燃气报警装置	只		
调压器	台		
调压箱	台		
新旧管连接	处		
……	……		

A-09-2-8　医疗气体工程主要工程量指标表

工程量名称	单位	工程量	单位工程量指标
医疗气体管道	m		
阀门	个		
制氧机	台		
集污罐	个		
涮手池	组		
干燥机	台		
医疗设备带	m		
气体终端	个		
……	……		

A-09-2-9　锅炉设备安装工程主要工程量指标表

工程量名称	单位	工程量	单位工程量指标
低压锅炉本体设备安装	台		
泵安装	台		
水处理设备	台		
烟道	t		
管道	m		
阀门	个		
保温材料	m³		
……	……		

A-09-2-10　蒸汽及凝结水系统工程主要工程量指标表

工程量名称	单位	工程量	单位工程量指标
蒸汽管道	m		
凝结水管道	m		
阀门	个		
保温材料	m³		
……	……		

A-09-2-11　压缩空气系统工程主要工程量指标表

工程量名称	单位	工程量	单位工程量指标
压缩机	台		
过滤器	台		
储气罐	台		
阀门	个		
保温材料	m³		
……	……		

A-09-2-12 电梯安装工程主要工程量指标表

工程量名称	单位	工程量	单位工程量指标
客梯	台		
货梯	台		
餐梯	台		
医用电梯	台		
自动扶梯	台		
自动步行道	台		
轮椅升降台	台		
……	……		

A-10-2-1 电气工程主要工料价格与消耗量指标表

工料名称	单位	数量	金额（元）	单位消耗量指标
综合人工	工日			
变压器	台			
高压柜	台			
低压柜	台			
配电箱/柜	台			
蓄电池	台			
滑触线	m			
母线	m			
电缆	m			
避雷针	根			
桥架	m			
线槽	m			
配管	m			
配线	m			
灯具	套			
开关	个			
插座	个			
柴油发电机	台			
……	……			

A-10-2-2 建筑智能化工程主要工料价格与消耗量指标表

工料名称	单位	数量	金额（元）	单位消耗量指标
综合人工	工日			
计算机应用、网络系统工程				
输入设备	台			
输出设备	台			
控制设备	台			
存储设备	台			
插箱、机柜	台			
互联电缆	条			
接口卡	台			
集线器	台			
路由器	台			
收发器	台			
防火墙	台			
交换机	台			
网络服务器	台			
软件	套			
综合布线系统工程				
机柜、机架	台			
抗震底座	个			
分线接线箱（盒）	个			
电视、电话插座	个			
双绞线缆	m			
大对数电缆	m			
光缆	m			
配线架	个			
跳线架	个			
信息插座	个			
建筑设备自动化系统工程				
中央管理系统	台			
通信网络控制设备	台			
控制器	台			
控制箱	台			
第三方通信设备接口	台			
传感器	支，台			
电动调节阀执行机构	个			
电动、电磁阀门	个			
建筑信息综合管理系统工程				
服务器	台			
服务器显示设备	台			
通信接口输入输出设备	个			
系统软件	套			

工料名称	单位	数量	金额（元）	单位消耗量指标
基础应用软件	套			
应用软件接口	套			
应用软件二次	项，点			
各系统联动试运行	系统			
有线电视、卫星接收系统工程				
公用天线	副			
卫星电视天线、馈线系统	副			
前端机柜	个			
电视墙	套			
射频同轴电缆	m			
同轴电缆接头	个			
前端射频设备	台			
卫星地面站接收设备	台			
光端设备安装、调试	台			
有线电视系统管理设备	台			
播控设备安装、调试	台			
干线设备	个			
分配网络	个			
终端调试	个			
音频、视频系统工程				
扩声系统设备	台			
背景音乐系统设备	台			
视频设备	台			
安全防范系统工程				
入侵探测设备	套			
入侵报警控制器	套			
入侵报警中心显示设备	套			
入侵报警信号传输设备	套			
出入口目标识别设备	台			
出入口控制设备	台			
出入口执行机构设备	台			
监控摄像设备	台			
视频控制设备	台			
音频、视频及脉冲分配器	台			
视频补偿器	台			
视频传输设备	套			
录像设备	套			
显示设备	台			
安全检查设备	台			
停车场管理设备	台			
程控交换机系统工程				
主机	台			

工料名称	单位	数量	金额（元）	单位消耗量指标
接口板	块			
模块	块			
跳线	根			
风扇	套			
滑轨	套			
软件	套			
信息引导及发布系统工程				
显示屏	套			
控制器	台			
软件	套			
智能灯光控制系统工程				
主机	台			
控制面板	台			
模块	块			
软件	套			
能量计量系统工程				
主机	台			
表具	台			
控制器	台			
采集器	台			
软件	套			
客控管理控制系统工程				
主机	台			
控制器	台			
模块	块			
控制面板	台			
指示灯	套			
门铃	台			
软件	套			
车位引导系统工程				
主机	台			
控制器	台			
探头	块			
指示灯	套			
软件	套			
酒店门锁系统工程				
主机	台			
锁具	套			
软件	套			
弱电桥架				
桥架	m			
……	……			

A-10-2-3 通风空调工程主要工料价格与消耗量指标表

工料名称	单位	数量	金额（元）	单位消耗量指标
综合人工	工日			
通风系统风管	m²			
通风系统阀门	个			
通风系统风口	个			
通风系统轴流通风机	台			
空调系统风管	m²			
空调系统阀门	个			
空调系统风口	个			
消声器	个			
静压箱	个，m²			
空调器	台			
风机盘管	台			
排烟系统风管	m²			
排烟系统阀门	个			
排烟系统风口	个			
排烟系统轴流风机	个			
人防过滤吸收器	台			
人防超压自动排气阀	个			
人防手动密闭阀	个			
空调水管道	m			
多联体空调系统冷媒管道	m			
阀门	个			
冷水机组	台			
换热器	台			
水处理设备	台			
离心式泵	台			
冷却塔	台			
水箱	台			
净化工作台	台			
洁净室	台			
除湿机	台			
净化通风管道	m²			
……	……			

A-10-2-4　消防工程主要工料价格与消耗量指标表

工料名称	单位	数量	金额（元）	单位消耗量指标
综合人工	工日			
水灭火系统				
喷淋泵	台			
消火栓泵	台			
消火栓管道	m			
喷淋管道	m			
水喷淋（雾）喷头	个			
报警装置	组			
温感式水幕装置	组			
水流指示器	个			
减压孔板	个			
末端试水装置	组			
室内消火栓	套			
消防水泵接合器	套			
灭火器	具			
消防水炮	台			
阀门	个			
消防水箱	台			
气体灭火系统				
气体灭火系统管道	m			
气体驱动装置管道	m			
选择阀	个			
气体喷头	个			
贮存装置	套			
称重检漏装置	套			
无管网气体灭火装置	套			
泡沫灭火系统				
气体灭火系统管道	m			
泡沫发生器	台			
泡沫比例混合器	台			
泡沫液贮罐	台			
火灾自动报警系统				

工料名称	单位	数量	金额（元）	单位消耗量指标
配管	m			
配线	m			
桥架	m			
点型探测器	个			
线型探测器	m			
按钮	个			
消防警铃	个			
声光报警器	个			
消防报警电话插孔（电话）	个，部			
消防广播（扬声器）	个			
模块（模块箱）	个，台			
区域报警控制箱	台			
联动控制箱	台			
远程控制箱（柜）	台			
火灾报警系统控制主机	台			
联动控制主机	台			
消防广播及对讲电话主机（柜）	台			
火灾报警控制微机（CRT）	台			
备用电源及电池主机（柜）	套			
报警联动一体机	台			
模块	个			
扬声器	个			
……	……			

A-10-2-5 给排水工程主要工料价格与消耗量指标表

工料名称	单位	数量	金额（元）	单位消耗量指标
综合人工	工日			
离心泵安装	台			
潜水泵安装	台			
给水管	m			
中水管	m			
热水管	m			
排水管	m			
雨水管	m			
压力排水管	m			
阀门	个			
法兰	个			
减压器、减压阀、减压箱	组			
除污器（过滤器）	组			
补偿器	个			
软接头（软管）	个，组			
法兰	副，片			
倒流防止器	套			
水表	组，个			
塑料排水管消声器	个			
除污器（过滤器）	组			
卫生器具	套			
变频给水设备	套			
稳压泵	套			
气压罐	台			
水处理器	台			
热水器	台			
开水炉	台			
直饮水设备	套			
水箱	台			
保温材料	m³			
……	……			

A-10-2-6 采暖工程主要工料价格与消耗量指标表

工料名称	单位	数量	金额（元）	单位消耗量指标
综合人工	工日			
离心泵安装	台			
换热器	台			
采暖管道	m			
阀门	个			
法兰	个			
热量表	块			
散热器	组，片			
暖风机	台			
地板辐射采暖	m^2，m			
热媒集配装置	台			
集气罐	个			
太阳能集热装置	套			
保温材料	m^3			
……	……			

A-10-2-7 室内燃气工程主要工料价格与消耗量指标表

工料名称	单位	数量	金额（元）	单位消耗量指标
综合人工	工日			
燃气管道	m			
阀门	个			
燃气开水炉	台			
燃气采暖炉	台			
燃气沸水器、消毒器	台			
燃气热水器	台			
燃气表	块，台			
燃气灶具	台			
燃气探测器	只			
燃气报警控制器	台			
阀门控制箱	台			
配管配线	m			
调压器	台			
调压箱	台			
……	……			

A-10-2-8 医疗气体工程主要工料价格与消耗量指标表

工料名称	单位	数量	金额（元）	单位消耗量指标
综合人工	工日			
医疗气体管道	m			
阀门	个			
制氧机	台			
集污罐	个			
涮手池	组			
干燥机	台			
医疗设备带	m			
气体终端	个			
……	……			

A-10-2-9 锅炉设备安装工程主要工料价格与消耗量指标表

工料名称	单位	数量	金额（元）	单位消耗量指标
综合人工	工日			
低压锅炉本体设备安装	台			
泵安装	台			
水处理设备	台			
烟道	t			
管道	m			
阀门	个			
保温材料	m³			
……	……			

A-10-2-10 蒸汽及凝结水系统工程主要工料价格与消耗量指标表

工料名称	单位	数量	金额（元）	单位消耗量指标
综合人工	工日			
蒸汽管道	m			
凝结水管道	m			
阀门	个			
保温材料	m³			
……	……			

A-10-2-11　压缩空气系统工程主要工料价格与消耗量指标表

工料名称	单位	数量	金额（元）	单位消耗量指标
综合人工	工日			
压缩机	台			
过滤器	台			
储气罐	台			
阀门	个			
保温材料	m³			
……	……			

A-10-2-12　电梯安装工程主要工料价格与消耗量指标表

工料名称	单位	数量	金额（元）	单位消耗量指标
综合人工	工日			
客梯	台			
货梯	台			
餐梯	台			
医用电梯	台			
自动扶梯	台			
自动步行道	台			
轮椅升降台	台			
……	……			

A-11-2 安装工程分部、分项工程内容定义表

分部分项工程	工作内容
电气工程	变压器安装，配电装置安装，母线安装，控制设备及低压电器安装，蓄电池安装，电机检查接线及调试，滑触线装置安装，电缆安装，防雷及接地装置，10kV以下架空配电线路，配管，配线，照明器具安装，附属工程，电气调整试验，柴油发电机，刷油、防腐蚀工程
建筑智能化安装工程	计算机应用，网络系统工程，综合布线系统工程，建筑设备自动化系统工程，建筑信息综合管理系统工程，有线电视，卫星接收系统工程，音频，视频系统工程，安全防范系统工程，程控交换机系统工程，信息引导及发布系统工程，智能灯光控制系统工程，智能灯光控制系统工程，客控管理控制系统工程，车位引导系统工程，酒店门锁系统工程，弱电桥架，刷油、防腐蚀工程
通风空调工程	通风系统，空调系统，防排烟系统，人防通风系统，制冷机房，换热站，空调水系统，多联体空调系统，冷却循环水系统，净化空调系统，通风空调工程系统调试，刷油，防腐蚀，绝热工程，自动化控制仪表安装工程
消防工程	水灭火系统，气体灭火系统，泡沫灭火系统，火灾自动报警系统，消防系统调试，刷油、防腐蚀、绝热工程，自动化控制仪表安装工程
给排水工程	给水工程，中水工程，热水工程，排水工程，雨水工程，压力排水工程，刷油、防腐蚀、绝热工程，自动化控制仪表安装工程
采暖工程	采暖管道，管道附件，供暖器具，采暖设备，采暖工程系统调试，刷油、防腐蚀、绝热工程，自动化控制仪表安装工程
室内燃气工程	燃气管道，管道附件，燃气器具，燃气报警装置，刷油、防腐蚀工程
医疗气体工程	医疗气体管道，管道附件，医疗气体设备及附件，刷油、防腐蚀工程，自动化控制仪表安装工程
锅炉设备安装	锅炉本体设备安装，锅炉附属及辅助设备安装，烟道，管道及附件，刷油、防腐蚀、绝热工程，自动化控制仪表安装工程
蒸汽及凝结水系统工程	蒸汽及凝结水系统管道，管道附件，刷油、防腐蚀、绝热工程，自动化控制仪表安装工程
压缩空气系统工程	压缩机安装，压缩机附属及辅助设备安装，压缩空气系统管道，管道附件，刷油、防腐蚀工程，自动化控制仪表安装工程
电梯安装工程	电梯安装，自动扶梯，自动步行道，轮椅升降台，刷油、防腐蚀工程
室外总体安装工程	室外总体电气工程，室外总体给水工程，室外总体污水工程，室外总体雨水工程，室外总体消防工程，室外总体弱电工程，室外总体燃气工程，刷油、防腐蚀工程

A-12 安装工程功能指标单位索引表

名称	指标单位	备注
电气工程		
变压器安装	元 /kVA	变压器总容量 kVA
配电装置安装	元 /kW	配电装置总容量 kW
柴油发电机	元 /kW	柴油发电机总容量 kW
通风空调工程		
空调系统	元 /kW	总制冷量 kW
防排烟系统	元 /m²	防排烟区域面积 m²
人防通风系统	元 /m²	人防面积 m²
制冷机房	元 /kW	总制冷量 kW
换热站	元 /kW	总换热量 kW
空调水系统	元 /kW	总制冷量 kW
多联体空调系统	元 /kW	总制冷量 kW
冷却循环水系统	元 /（m³/h）	总冷却水量 m³/h
净化空调系统	元 /kW	总制冷量 kW，区分净化级别分开统计
消防工程		
气体灭火系统	元 /m³	气体灭火区域体积 m³
泡沫灭火系统	元 /m³	泡沫灭火区域体积 m³
锅炉设备安装工程费		
蒸汽锅炉	元 /t/h	总产汽量 t/h
热水锅炉	元 /kW	总产热量 kW
压缩空气系统工程	元 /（m³/min）	压缩机总容量 m³/min
电梯设备安装工程	元 / 台	电梯设备数量"台"

注：本表仅供参考，可根据项目具体情况进行增减。

附录 B 仿古建筑工程

B-01 仿古建筑工程分类表

名称	编码	一级名称	二级名称	三级名称
仿古建筑工程 B	B0101001	亭	三角亭	单檐
	B0101002			重檐
	B0102001		方亭	单檐
	B0102002			重檐
	B0103001		六角亭	单檐
	B0103002			重檐
	B0104001		八角亭	单檐
	B0104002			重檐
	B0105001		圆亭	单檐
	B0105002			重檐
	B0106001		扇亭	单檐
	B0106002			重檐
	B0107001		海棠等诸式亭	单檐
	B0107002			重檐
	B0201000	廊	直廊	
	B0202000		曲廊	
	B0203000		回廊	
	B0204000		爬山廊	
	B0205000		叠落廊	
	B0206000		水廊	
	B0207000		桥廊	
	B0208000		复廊	
	B0301000	水榭与旱船	水榭	
	B0302000		旱船	
	B0401000	舫		
	B0501000	厅、堂	一般厅堂	
	B0502000		花厅	
	B0503000		荷花厅	
	B0601000	馆、轩、斋、室		
	B0701000	阁		
	B0801000	楼台	楼	
	B0802000		台	

名称	编码	一级名称	二级名称	三级名称
仿古建筑工程 B	B0901000	塔	楼阁式塔	
	B0902000		密檐式塔	
	B0903000		喇嘛教式塔	
	B0904000		金刚宝座式塔	
	B0905000		单层塔	
	B1001000	园门	牌坊式门	
	B1002000		垂花门	
	B1003000		屋宇式门	
	B1004000		墙门	
	B1101000	花墙洞	瓦花墙	
	B1102000		其余花墙	
	B1201000	地穴门景	地穴	
	B1202000		门景	
	B1301000	石桥	梁式	
	B1302000		拱式	

B-02 仿古建筑工程概况表

编码：

名　称	内　容	备　注
工程名称		
报建编号		
项目性质		
投资主体		
承发包模式		
工程地点		
开工日期		
竣工日期		
总建筑面积（m²）		
总占地面积（m²）		
单项工程组成：		
单项工程 1　……		填写各单体组成的名称、主要功能参数和数量
单项工程 2　……		填写各单体组成的名称、主要功能参数和数量
……		填写各单体组成的名称、主要功能参数和数量
室外总体		
项目总投资（万元）		
单位造价（元 /m²）		总投资 / 建筑面积
建安工程费（万元）		
单位建安造价（元 /m²）		
计价方式		
造价类别		
编制依据		
价格取定期		

注：1　项目性质：新建、扩建、改建。
　　2　投资主体：国资、国资控股、集体、私营、其他。
　　3　承发包模式：公开招标、邀请招标、其他。
　　4　计价方式：清单、定额、其他。
　　5　造价类别：概算价、预算价、最高投标限价、合同价和结算价等。

B-03 单项工程（   ）概况表

编码：

名　称	内　容
单项工程名称	
建筑（占地）面积（m²）	建筑面积_____　　占地面积_____
建筑和安装工程造价（万元）	
建安工程单位造价（元/单位）	
工程主要特征信息	
结构类型	
基础类型及埋置深度（m）	类型_____　　埋置深度_____
建筑高度（檐口）（m）	
层数（层）	
层高（m）	
石作工艺	部位、材料
砖细工艺	部位、材料
木作工艺	部位、材料
屋面脊饰工艺	部位、材料
油漆工艺	部位、材料
安装工程	电气设备安装、给排水、消防、通风空调、智能化、电梯设备安装等工作内容
室外总体工程	道路广场、绿化、构筑物、室外安装工程等工作内容
……	

注：1　各单项工程分别描述。
　　2　建筑面积计算按《建筑工程建筑面积计算规范》GB/T 50353－2013 执行。

名　称		内　容
建筑工程	土（石）方工程	挖土深度、土方类型、余土处理方式
	地基处理和边坡支护工程	钻孔灌注桩（根数、长度、直径）； 钢板桩（长度、形式）； 支撑（形式）； 深层搅拌桩（长度、形式）
	桩基工程	桩的形式、根数、长度、截面尺寸； 基础形式：满堂基础、桩承台、条形基础、独立基础、杯形基础
	砌筑工程	使用部位、材料
	混凝土及钢筋混凝土工程	现浇、预制混凝土构件部位；混凝土强度等级
	石作工程	使用部位、材料
	砖作工程	使用部位、材料
	木作工程	使用部位、材料
	屋面工程	屋面材料
	地面工程	地面材料
	抹灰工程	使用部位、材料
	油漆工程	使用部位、材料
	防水工程	防水材料
	保温工程	保温材料
	……	
安装工程	电气设备安装工程	主要设备总容量（kVA）、规格、数量
		灯具类型、管线材质
	给排水工程	主要设备类型、规格、数量
		卫生器具类型、数量
		管道材质
	消防工程	主要设备、喷头、消火栓等规格、数量
		管道材质
	通风空调工程	空调系统形式、总制冷（热）量（kW）、类型、规格、数量（台）、管道材质
	智能化系统工程	系统形式
	电梯设备安装工程	电梯载重、速度、数量
	……	
室外总体工程	道路、广场	铺装材料、基层做法
	绿化	绿地面积
	构筑物	构筑物形式、面积
	室外总体安装工程	室外安装工程内容
	……	

B-05 仿古建筑工程建设投资指标表

编码：

序号	名称	金额（万元）	单位造价（元/m²）	占总投资比例（%）	备注
1	工程费用				
1.1	建筑安装工程费				
1.2	设备及工器具购置费				
2	工程建设其他费用				
2.1	建设单位管理费				
2.2	代建管理费				
2.3	场地准备及临时设施费				
2.4	前期工程咨询费				
2.5	勘察设计费				
2.6	工程监理费（含财务监理）				
2.7	工程量清单编制费				
2.8	招标代理服务费				
	……				
3	预备费				
3.1	基本预备费				
3.2	价差预备费				
	……				
4	建设期利息和流动资金				
5	土地及房屋征收补偿费用				
6	管线搬迁费用				
	合计				

注：1 前期工程咨询费包含：项目建议书编制费、可行性研究报告编制费、环境影响报告编制费、节能评估报告编制费、社会稳定风险评估报告编制费。

2 未发生的费用，填"0"。

B-06　建安工程造价指标表

序号	单项工程名称	造价 （万元）	单位造价 （元/m²）	占造价比例 （%）
1	单项工程一			
2	单项工程二			
3	单项工程三			
4	……			
5	室外总体			
	合计			

B-07　单项工程（　　）造价指标表

名称	造价 （元）	其中				单位造价 （元/m²）	占造价 比例 （%）
		人工费 （元）	材料费 （元）	机械费 （元）	管理费和 利润(元)		
1. 分部分项工程费							
1.1　建筑与装饰工程							
1.2　安装工程							
2. 措施项目费							
2.1　建筑与装饰工程							
2.2　安装工程							
3. 其他项目费							
4. 规费							
4.1　建筑与装饰工程							
4.2　安装工程							
5. 税金							
5.1　建筑与装饰工程							
5.2　安装工程							
合计							

名　称			造价 （元）	单位指标 （元/m²）	占造价比例 （%）	备注
建筑工程	土（石）方工程	挖土、淤泥				
		围堰				
		运土				
		平整场地				
		回填土				
	地基处理与边坡支护工程					
	桩基工程					
	砌筑工程	砖基础、砖墙、砖柱、空斗墙、空花墙、填充墙				
		其他砖砌体				
		毛石基础、砌体、独立柱				
	混凝土及钢筋混凝土工程	基础				
		现浇混凝土柱、梁、桁、枋、板、其他构件				
		预制混凝土柱、梁、屋架、桁、枋、板、椽子、其他构件				
	石作工程	台基、台阶				
		望柱、栏杆、鼓磴				
		柱、梁、枋				
		门窗、石槛、垫石				
		屋面、拱卷、石斗拱				
		石作配件				
		石浮雕、刻字				
	砖作工程	砖细加工				
		贴砖				
		砖（拱）、月洞、地穴及门窗				
		漏窗				
		槛墙、槛栏杆				
		砖细构件				
		小构件及零星砌体				
		砖浮雕及碑镌字				
	木作工程	柱、梁、桁、枋、替木、搁栅、椽、戗角、斗拱				

名　称			造价 （元）	单位指标 （元/m²）	占造价比例 （%）	备注
建筑 工程	木作工程	木作配件				
		古式门窗				
		古式栏杆				
		吴王靠、楣子、飞罩				
		墙、地板及天花				
	屋面工程	望砖				
		屋脊				
		围墙瓦顶、排山、花边滴水、斜沟（窑 制瓦）				
		小青瓦、筒瓦屋面				
		钢丝网屋面、封沿板				
	地面工程	基础及垫层				
		防潮层、找平层				
		散水、明沟、斜坡、台阶				
		地面面层				
	抹灰工程	天棚抹灰				
		墙面抹灰				
		柱梁面抹灰				
		其他仿古抹灰				
		墙、柱、梁及零星抹灰				
		镶贴块料面层				
	油漆工程	上、下架构件油漆				
		斗拱、垫拱板、雀替油漆				
		门窗扇油漆				
		木装修油漆				
		其他木材面油漆				
		金属面油漆				
		抹灰面油漆、贴壁纸				
		水质涂料				
		匾及匾字				
	防水工程	屋面防水及其他				
		墙面防水、防潮				
		楼地面防水				
	保温工程	保温、隔热、防腐				

续表 **B-08**

名　称		造价（元）	单位指标（元/m²）	占造价比例（%）	备注
安装工程	电气设备安装工程				
	给排水工程				
	消防工程				
	通风空调工程				
	智能化系统工程				
	电梯设备安装工程				
	……				
室外总体	道路、广场				
	绿化				
	构筑物				
	室外总体安装工程				
	……				
合计					

B-09　仿古建筑工程主要工程量指标表

工程量名称	单位	工程量	单位工程量指标
土（石）方开挖量	m³		
土（石）方回填量	m³		
护坡面积	m²		
砌砖墙	m³		
贴砌砖	m²		
砖檐、墙帽	m		
台基、台阶	m³		
望柱、栏板	m²		
墙身及配件	m²		
柱混凝土	m³		
墙混凝土	m³		
梁混凝土	m³		
板混凝土	m³		
钢材	t		
木作柱梁及配件	m³		
木屋架及配件	m³		
木作古式门窗及栏杆	m²		
瓦屋面及配件	m²		
防水	m²		
保温	m²		
楼地面	m²		
庭院工程	m²		
内墙装饰	m²		
外墙装饰	m²		
天棚装饰	m²		
油漆	m²		
管材、管件	m		
卫生器具	套		
配电箱/柜	台		
照明器具	套		
电缆安装	m		
配线配管	m		
……	……		

B-10 仿古建筑工程主要工料价格与消耗量指标表

工料名称	单位	数量	金额（元）	单位消耗量指标
综合人工	工日			
钢材	t			
水泥	t			
预拌混凝土	m³			
木材	m³			
砂	t			
石子	t			
仿古砖	m³			
石料	m³			
瓦	m²			
防水	m²			
水泥	t			
地面装饰材料	m²			
墙面装饰材料	m²			
天棚装饰材料	m²			
油漆	kg			
涂料	kg			
板材	m³			
给水管	m			
排水管	m			
设备	台			
照明器具	套			
开关、插座	个			
电缆	m			
……	……			

B-11 仿古建筑工程分部、分项工程内容定义表

分部分项工程	工作内容
土（石）方工程	土方工程，石方工程，回填
地基处理与边坡支护工程	地基处理，基坑与边坡支护
桩基工程	打桩，灌注桩
砌筑工程	墙身，博风、挂落、滴珠板、须弥座、梁枋、垫板、柱子、斗拱等配件
混凝土及钢筋混凝土工程	现浇混凝土柱，现浇混凝土梁，现浇混凝土桁、枋，现浇混凝土板，现浇混凝土其他构件，预制混凝土柱，预制混凝土梁，预制混凝土屋架，预制混凝土桁、枋，预制混凝土板，预制混凝土椽子，预制混凝土其他构件
石作工程	台基及台阶，望柱、栏杆、磴，柱、梁、枋，墙身石活及门窗石、槛垫石，石屋面、拱券石、拱眉石及石斗拱，石作配件，石浮雕及镌字
砖作工程	砌砖墙，贴砖，砖檐，墙帽，砖券（拱）、月洞、地穴及门窗套，漏窗，须弥座，影壁、看面墙、廊心墙，槛墙、槛栏杆，砖细构件，小构件及零星砌体，砖浮雕及碑镌字
木作工程	柱，梁，桁（檩）、枋，替木、搁栅，椽，戗角，斗拱，木作配件，古式门窗，古式栏杆，鹅颈靠背、楣子、飞罩，墙、地板及天花，匾额、楹联（对联）及博古架（多宝格），木作防火处理
屋面工程	小青瓦屋面，筒瓦屋面，琉璃屋面
地面工程	细墁地面，糙墁地面，细墁散水，糙墁散水，墁石子地
抹灰工程	墙面抹灰，柱梁面抹灰，其他仿古项目抹灰，墙、柱、梁及零星项目面贴仿古砖片
油漆工程	山花板、博缝（风）板、挂檐（落）板油漆，连檐、瓦口、椽子、望板、天花、顶棚油漆，上下架构件油漆，斗拱、垫拱板、雀替、花活油漆，门窗扇油漆，木装修油漆，山花板、挂檐（落）板油漆，椽子、望板、天花、顶棚油漆，上下架构件油漆，斗拱、垫拱板、雀替、花活、楣子、墙边油漆
防水工程	屋面防水及其他，墙面防水、防潮，楼地面防水
保温工程	保温，隔热，防腐
电气设备安装工程	变压器安装，配电装置安装，母线安装，控制设备及低压电器安装，蓄电池安装，电机检查接线及调试，滑触线装置安装，电缆安装，防雷及接地装置，10kV以下架空配电线路，配管、配线，照明器具安装，附属工程，电气调整试验
给排水工程	给排水、燃气管道，支架及其他，管道附件，卫生器具，给排水设备，燃气器具及其他，空调水工程系统调试
消防工程	水灭火系统，气体灭火系统，泡沫灭火系统，火灾自动报警系统，消防系统调试
通风空调工程	通风及空调设备及部件制作安装，通风管道制作安装，通风管道部件制作安装，通风工程检测、调试
智能化系统工程	计算机应用、网络系统工程，综合布线系统工程，建筑设备自动化系统工程，建筑信息综合管理系统工程，有线电视、卫星接收系统工程，音频、视频系统工程，安全防范系统工程
电梯设备安装工程	电梯安装
室外总体工程	道路、绿化（含景观）、围墙、变电房、门卫（值班室）、垃圾房、其他建筑物和构筑物，室外总体电气工程，室外总体给水工程，室外总体污水工程、室外总体雨水工程，室外总体消防工程，室外总体弱电工程，室外总体燃气工程
……	

附录 C 市政工程

C-01 市政工程分类表

名称	编码	一级名称	二级名称	三级名称
市政工程 C	C0101001	道路工程	快速路	设计速度 100km/h；四幅路
	C0101002			设计速度 100km/h；两幅路
	C0101003			设计速度 80km/h；四幅路
	C0101004			设计速度 80km/h；两幅路
	C0101005			设计速度 60km/h；四幅路
	C0101006			设计速度 60km/h；两幅路
	C0102001		主干路	设计速度 60km/h；四幅路
	C0102002			设计速度 60km/h；三幅路
	C0102003			设计速度 50km/h；四幅路
	C0102004			设计速度 50km/h；三幅路
	C0102005			设计速度 40km/h；四幅路
	C0102006			设计速度 40km/h；三幅路
	C0103001		次干路	设计速度 50km/h；两幅路
	C0103002			设计速度 50km/h；单幅路
	C0103003			设计速度 40km/h；两幅路
	C0103004			设计速度 40km/h；单幅路
	C0103005			设计速度 30km/h；两幅路
	C0103006			设计速度 30km/h；单幅路
	C0104001		支路	设计速度 40km/h；单幅路
	C0104002			设计速度 30km/h；单幅路
	C0104003			设计速度 20km/h；单幅路
	C0201001	桥梁工程	跨河桥	梁式桥
	C0201002			拱式桥
	C0201003			斜拉桥
	C0201004			悬索桥
	C0202001		立交桥	梁式桥（四车道）
	C0202002			梁式桥（六车道）
	C0202003			梁式桥（八车道）
	C0203001		城市下立交	明挖（四车道）
	C0203002			明挖（六车道）
	C0203003			顶进（四车道）
	C0203004			顶进（六车道）
	C0301001	给水管道工程	开槽埋管	钢管（DN108～DN3020）
	C0301002			球墨铸铁管（DN100～DN2000）
	C0301003			PE 管（公称外径 DN32～DN1000）

名称	编码	一级名称	二级名称	三级名称
市政工程 C	C0302001	给水管道工程	顶管	土压平衡 $\phi 1650 \sim \phi 4000$
	C0302002			泥水平衡 $\phi 600 \sim \phi 4000$
	C0303001		顶管井	混凝土沉井法顶管井
	C0303002			SMW 工法顶管井
	C0303003			钻孔桩 + 旋喷桩顶管井
	C0304001		拖拉管	钢管（DN200 ~ DN1000）
	C0304002			PE 管（公称外径 DN110 ~ DN1000）
	C0305001		桥管	单跨（DN200 ~ DN2000）
	C0305002			多跨（DN200 ~ DN2000）
	C0401001	排水管道工程	开槽埋管	F 型钢承口式钢筋混凝土管（$\phi 600 \sim \phi 3000$）
	C0401002			企口式钢筋混凝土管（$\phi 1350 \sim \phi 2400$）
	C0401003			承插插式钢筋混凝土管（$\phi 600 \sim \phi 1200$）
	C0401004			HDPE 管（DN225 ~ DN 2500）
	C0401005			PVC–U 管（DN225 ~ DN 400）
	C0401006			增强聚丙烯管（DN500 ~ DN1000）
	C0401007			玻璃钢夹砂管（FRPM）（DN300 ~ DN 2500）
	C0401008			球墨铸铁管（DN 300 ~ DN 1200）
	C0402001		顶管	土压平衡 $\phi 1650 \sim \phi 4000$
	C0402002			泥水平衡 $\phi 600 \sim \phi 4000$
	C0403001		顶管井	混凝土沉井法顶管井
	C0403002			SMW 工法顶管井
	C0403003			钻孔桩 + 旋喷桩顶管井
	C0404001		拖拉管	钢管 DN100 ~ DN1000
	C0404002			PE 管（公称外径 DN110 ~ DN1000）
	C0405001		排水箱涵	单孔
	C0405002			双孔
	C0501001	越江隧道与地下通道工程	隧道与地下通道	敞开段
	C0501002			暗埋段
	C0501003			盾构段
	C0501004			工作井
	C0601001	燃气管道工程	直埋工程	铸铁管 (DN100 ~ DN700)
	C0601002			钢管（DN100 ~ DN800）
	C0601003			聚乙烯管（DN110 ~ DN400）
	C0602001		顶管穿越	钢管（DN800 ~ DN1200）
	C0603001		定向钻穿越	钢管（DN200 ~ DN800）
	C0603002			聚乙烯管（DN200 ~ DN400）
名称	编码	一级名称	二级名称	三级名称

名称	编码	一级名称	二级名称	三级名称
市政工程 C	C060401	燃气管道工程	桥管工程	钢管（DN300～DN700）
	C060501		旧管道内穿管	钢管（DN200～DN800）
	C060502			聚乙烯管（DN110～DN400）
	C070101	路灯工程	直埋	配电设备
	C070102			灯杆灯具
	C070103			线缆工程
	C070201		架空	配电设备
	C070202			灯杆灯具
	C070203			线缆工程

名称	编码	一级名称	二级名称	三级名称
		燃气管道工程	桥管工程	

C-02　市政工程概况表

编码：

名称	内容	备注
工程名称		
报建编号		
项目性质		
投资主体		
承发包模式		
工程地点		
开工日期		
竣工日期		
里程长（km）		
红线宽度（m）		
道路工程		
桥梁工程		
越江隧道与地下通道工程		
给水管道工程		
排水管道工程		
燃气管道工程		
路灯工程		
海绵城市（具体做法）	道路透水地面、雨水口、蓄渗装置等	
工程总投资（万元）		
单位造价（万元/km）		
建安工程费（万元）		
单位造价（万元/km）		
计价方式		
造价类别		
编制依据		
价格取定期		

注：1　项目性质：新建、扩建、改建。
　　2　投资主体：国资、国资控股、集体、私营、其他。
　　3　承发包模式：公开招标、邀请招标、其他。
　　4　计价方式：清单、定额、其他。
　　5　造价类别：概算价、预算价、最高投标限价、合同价和结算价等。

C-03-1　道路工程概况表

编码：

序号	名称	内容	备注
1	道路净长（m）		扣除桥梁长度
2	红线宽度（m）		
3	横断面布置（m）		
3.1	机动车道宽		
3.2	非机动车道宽		
3.3	人行道宽		
3.4	中央分隔带宽		
3.5	机非分隔带宽		
4	路面结构层		
4.1	机动车道结构层		
4.2	非机动车道结构层		
4.3	人行道结构层		
4.4	铣刨加罩结构层		
5	海绵城市（具体做法）		
	……		

C-03-2 桥梁工程概况表

编码：

序号	名称	内容	备注
1	桥梁数量（座）		
2	跨径布置（m）		
2.1	桥梁1		
2.2	桥梁2		
2.3	……		
3	桥梁面积（m²）		
3.1	桥梁1		
3.2	桥梁2		
3.3	……		
4	上部结构形式		
4.1	桥梁1	预制空心板梁	预制空心板梁、预制小箱梁、预制T梁、现浇大箱梁、钢箱梁、叠合梁、组合钢板梁、系杆拱、悬索桥、斜拉桥
4.2	桥梁2	预制小箱梁	
4.3	……	现浇大箱梁	
5	桩基形式		
5.1	桥梁1	钻孔灌注桩	桩径、桩长、桩数
5.2	桥梁2	打入桩	桩径、桩长、桩数
5.3	……		
6	下部结构形式		
6.1	桥梁1	现浇、预制	
6.2	桥梁2	现浇、预制	
6.3	……		
7	驳岸		
7.1	基础	钻孔灌注桩、打入桩	桩径、桩长、桩数
7.2	驳岸结构	钢筋混凝土、浆砌块石	
7.3	……		
8	海绵城市（具体做法）		

C-03-3 越江隧道与地下通道工程概况表

编码：

序号	名称	内容	备注
1	敞开段		
1.1	长度（m）		
1.2	面积（m²）		
1.3	断面尺寸（m×m）		
1.4	支护方式		
2	暗埋段		
2.1	长度（m）		
2.2	面积（m²）		
2.3	断面尺寸（m×m）		
2.4	支护方式		
3	盾构段		
3.1	长度（m）		
3.2	盾构直径（m）		
3.3	掘进方式		
3.4	泥浆处理方式		
4	工作井		
4.1	平面尺寸（m×m）		
4.2	深度（m）		
4.3	支护方式		
5	海绵城市（具体做法）		

C-03-4 给水管道工程概况表

编码：

序号	名称	内容	备注
1	开槽埋管（m）		
1.1	管材		
1.2	管径（mm）		
1.3	埋深（m）		
1.4	支护方式		
2	顶管（m）		
2.1	管材		
2.2	管径（mm）		
2.3	顶进方式（泥水、土压平衡）		
3	顶管井（座）		
3.1	沉井法顶管井		埋深、平面尺寸
3.2	SMW 工法顶管井		埋深、平面尺寸
3.3	钻孔桩 + 旋喷桩顶管井		埋深、平面尺寸
4	拖拉管		
4.1	管材		
4.2	管径（mm）		
5	桥管		
5.1	单跨		桥管长度
5.2	多跨		桥管长度

C-03-5 排水管道工程概况表

编码：

序号	名称	内容	备注
1	开槽埋管（m）		
1.1	管材		
1.2	管径（mm）		
1.3	埋深（m）		
1.4	支护方式		
2	顶管（m）		
2.1	管材		
2.2	管径（mm）		
2.3	顶进方式（泥水、土压平衡）		
3	顶管井（座）		
3.1	沉井法顶管井		埋深、平面尺寸
3.2	SMW 工法顶管井		埋深、平面尺寸
3.3	钻孔桩＋旋喷桩顶管井		埋深、平面尺寸
4	拖拉管		
4.1	管材		
4.2	管径（mm）		
5	排水箱涵		
5.1	单孔		
5.2	双孔		

C-03-6 燃气管道工程概况表

编码：

序号	名称	内容	备注
1	直埋工程		
1.1	管径		
1.2	长度		
1.3	管道设计压力		
2	穿跨越工程		
2.1	穿越方式	顶管、定向站、桥管、旧管道内穿管	
2.2	管径		
2.3	长度		
2.4	工作井类型		
3	阀室工程		
3.1	压力		
3.2	口径		
3.3	数量		

C-03-7 路灯工程概况表

编码：

序号	名称	内容	备注
1	配电箱		
1.1	数量		
1.2	规格		
2	灯杆		
2.1	数量		
2.2	规格		
3	灯具		
3.1	数量		
3.2	规格		
4	电缆		
4.1	长度		
4.2	规格		

C-05 市政工程建设投资指标表

编码：

序号	名称	金额（万元）	单位造价	占总投资比例（%）	备注
1	工程费用				
1.1	建筑安装工程费				
1.1.1	道路工程		元/km		
1.1.2	桥梁工程		元/m²		
1.1.3	越江隧道与地下通道工程		元/m		
1.1.4	给水管道工程		元/m		
1.1.5	排水管道工程		元/m		
1.1.6	燃气管道工程		元/m		
1.1.7	路灯工程		元/盏		
1.2	设备及工器具购置费				
2	工程建设其他费用				
2.1	建设场地准备费及临时设施				
2.2	建设项目前期工作咨询费				
2.3	工程监理费				
2.4	设计费				
2.5	勘察费				
2.6	环境影响评价费				
2.7	竣工图编制费				
2.8	工程量清单编制费				
2.9	施工图审查费				
2.10	招标代理服务费				
2.11	财务监理费				
2.12	建设单位管理费				
2.13	工程检测费				
2.14	压力管道监检费				
2.15	地下管线测量费				
2.16	联合试运转费				
3	预备费				
3.1	基本预备费				
3.2	价差预备费				
4	前期工程费				
4.1	征地拆迁费				
4.2	管线搬迁费				
5	建设期贷款利息				
	合计				

注：1 前期工程咨询费包含：项目建议书编制费、可行性研究报告编制费、环境影响报告编制费、节能评估报告编制费、社会稳定风险评估报告编制费。

2 未发生的费用，填"0"。

C-07 单项工程造价指标表

名称	造价（元）	其中				单位造价	占造价比例（%）
		人工费（元）	材料费（元）	机械费（元）	管理费和利润（元）		
1 分部分项工程费							
1.1 道路工程						元/m²	
1.2 桥梁工程						元/m²	
1.3 越江隧道与地下通道工程						元/m	
1.4 给水管道工程						元/m	
1.5 排水管道工程						元/m	
1.6 燃气管道工程						元/m	
1.7 路灯工程						元/盏	
2 措施项目费							
2.1 道路工程						元/m²	
2.2 桥梁工程						元/m²	
2.3 越江隧道与地下通道工程						元/m	
2.4 给水管道工程						元/m	
2.5 排水管道工程						元/m	
2.6 燃气管道工程						元/m	
2.7 路灯工程						元/盏	
3 其他项目费							
4 规费							
4.1 道路工程						元/m²	
4.2 桥梁工程						元/m²	
4.3 越江隧道与地下通道工程						元/m	
4.4 给水管道工程						元/m	
4.5 排水管道工程						元/m	
4.6 燃气管道工程						元/m	
4.7 路灯工程						元/盏	
5 税金							
5.1 道路工程						元/m²	
5.2 桥梁工程						元/m²	
5.3 越江隧道与地下通道工程						元/m	
5.4 给水管道工程						元/m	
5.5 排水管道工程						元/m	
5.6 燃气管道工程						元/m	
5.7 路灯工程						元/盏	
合计							

C-08-1　道路工程经济指标表

序号	项目名称	造价（元）	单位造价（元/km）	单位造价占比（%）	备注
1	土方工程				
2	路基处理				
3	道路基层				
4	道路面层				
5	人行道及其他				
6	翻挖工程				
7	挡土墙				
8	交通管理设施				
	合计				

C-08-2　桥梁工程经济指标表

序号	项目名称	造价（元）	单位造价（元/m²）	占造价比例（%）	备注
1	桩基				
2	基坑与边坡支护				
3	现浇混凝土构件				
4	预制混凝土构件				
5	钢结构				
6	驳岸				
7	其他				
	合计				

C-08-3　越江隧道与地下通道工程经济指标表

序号	项目名称	造价（元）	单位造价（元/m）	占造价比例（%）	备注
1	敞开段				
2	暗埋段				
3	盾构段				
4	工作井				
	合计				

C-08-4 给水管道工程经济指标表

序号	项目名称	造价（元）	单位造价（元/m）	占造价比例（%）	备注
1	给水管道开槽 ϕ108				
2	给水管道顶管 ϕ600				
合计					

C-08-5 排水管道工程经济指标表

序号	项目名称	造价（元）	单位造价（元/m）	占造价比例（%）	备注
1	雨水管道开槽 ϕ1200				
2	雨水管道顶管 ϕ1200				
3	污水管道开槽 DN300				
4	污水管道顶管 ϕ800				
合计					

C-08-6 燃气管道工程经济指标表

序号	名称	工程造价（元）	单位造价（元/m）	占造价比例（%）	备注
1	直埋工程				
	材质、管径、埋深、支护方式……				
2	顶管穿越				
	材质、管径……				
3	定向钻穿越				
	材质、管径……				
4	桥管工程				
	材质、管径、跨越方式……				
5	旧管道内穿管				
	材质、管径、穿管方式……				
6	阀室工程				
	平面尺寸、埋深、阀门的类型……				
合计					

C-08-7　路灯工程经济指标表

序号	项目名称	造价（元）	单位造价（元/m）	占造价比例（%）	备注
1	直埋				
1.1	配电设备				
1.2	灯杆灯具				
1.3	线缆工程				
2	架空				
2.1	配电设备				
2.2	灯杆灯具				
2.3	线缆工程				
	合计				

C-09-1　道路工程主要工程量指标表

序号	工程量名称	单位	工程量	单位工程量指标（每km）	备注
1	土方工程	m³			
1.1	挖耕植土	m³			
1.2	挖土	m³			
1.3	填土	m³			
2	浜塘面积	m²			
3	桥后处理	m³			
4	上路床处理	m³			
5	机动车道面积	m²			
6	非机动车道面积	m²			
7	铣刨加罩面积	m²			
8	人行道面积	m²			
9	侧平石	m			
10	缘石	m			
11	挡土墙	m			是否有桩基
12	圆管涵	m			管径、道数
13	浆砌块石护坡	m²			
14	拆除工程	m²			
14.1	翻挖老路	m²			
14.2	翻挖人行道	m²			
14.3	翻挖侧平石	m			
15	标志	套			
16	标线	m²			
17	信号灯	套			
18	隔离栏	m			
19	其他				

C-09-2　桥梁工程主要工程量指标表

序号	工程量名称	单位	工程量	单位工程量指标（每 m²）
1	桩基工程	m³		
1.1	钻孔桩	m³		
1.2	打入桩	m³		
1.3	声测管	t		
2	现浇混凝土构件	m³		
2.1	墩、台承台	m³		
2.2	墩、台身	m³		
2.3	墩、台盖梁	m³		
2.4	梁	m³		
2.5	桥面混凝土铺装	m³		
2.6	其他	m³		
3	预制混凝土构件	m³		
3.1	墩、台身	m³		
3.2	墩、台盖梁	m³		
3.3	梁	m³		
3.4	其他	m³		
4	钢结构	t		
5	其他工程			
5.1	板式橡胶支座	dm³		
5.2	盆式支座	个		
5.3	伸缩缝	m		
5.4	桥面连续	m		
5.5	桥面防水层	m²		
5.6	钢管栏杆	m		
5.7	桥面排水	套		

C-09-3　越江隧道与地下通道工程主要工程量指标表

序号	工程量名称	单位	工程量	单位工程量指标（每 m）
1	敞开段	m³		
1.1	土方	m³		
1.2	支撑	m³，t		
1.3	降水	项		
1.4	围护结构	m³		
1.5	地基加固	m³		
1.6	现浇混凝土构件	m³		
1.7	其他工程			
2	暗埋段	m³		
2.1	土方	m³		
2.2	支撑	m³，t		
2.3	降水	项		
2.4	围护结构	m³		
2.5	地基加固	m³		
2.6	现浇混凝土构件	m³		
2.7	其他工程	m³		
3	盾构段	m		
3.1	盾构掘进	m		
3.2	进出洞加固	项		
3.3	管片	m²		
3.4	土方、泥水处理	项		
4	工作井	座		
4.1	地连墙	m		
4.2	土方	m³		
4.3	支撑	m³，t		
4.4	降水	项		
4.5	围护结构	m³		
4.6	地基加固	m³		
4.7	现浇混凝土构件	m³		
4.8	其他工程			

C-09-4　给水管道工程主要工程量指标表

序号	工程量名称	单位	工程量	单位工程量指标（每 m）
1	开槽埋管	m		
	材质、管径、埋深、支护方式……			
2	顶管	m		
	材质、管径……			
3	顶管井	座		
	平面尺寸、埋深、支护方式……			
4	拖拉管	m		
	材质、管径……			
5	桥管	m		
	材质、管径、长度……			

C-09-5　排水管道工程主要工程量指标表

序号	工程量名称	单位	工程量	单位工程量指标（每 m）
1	开槽埋管	m		
	材质、管径、埋深、支护方式……			
2	顶管	m		
	材质、管径……			
3	顶管井	座		
	平面尺寸、埋深、支护方式……			
4	拖拉管	m		
	材质、管径……			
5	排水箱涵	m		
	断面尺寸、埋深、支护方式……			

C-09-6 燃气管道工程主要工程量指标表

序号	工程量名称	单位	工程量	单位工程量指标（每m）
1	路面路基拆除	m²		
2	土（石）方开挖量	m³		
3	土（石）方回填量	m³		
4	余土外运	m³		
5	钢板桩	m		
6	拉森桩	m		
7	灌注桩	根		
8	方桩	根		
9	管道	m		
10	管件	只		
11	外防腐	m		
12	无损检测	m		
13	阴极保护	m		
14	清通试压	m		
15	阀门井	座		
16	阀门	个		
17	调压器	组		
18	燃气表	组		
19	管道拆除	m		
20	附属设备拆除	组		
21	停输连接工程	处		
22	不停输连接工程	处		
23	围堰工程	m		
24	施工护栏及便道	m		
25	脚手架	m²		
26	机械进出场及安拆	台次		
27	阀室工程	座		

C-09-7　路灯工程主要工程量指标表

序号	工程量名称	单位	工程量	单位工程量指标（每 m）
1	配电设备	套		
2	灯杆灯具	套		
3	线缆工程	km		
4	其他	项		

C-10-1　道路工程主要工料价格与消耗量指标表

工料名称	单位	数量	金额（元）	单位消耗量指标（每 km）
综合用工	工日			
热轧带肋钢筋（HRB400）	t			
热轧带肋钢筋（HRB400）	t			
热轧圆钢	t			
预拌混凝土	m³			
沥青混凝土	t			
透水砖	m²			
粉煤灰	t			
砾石砂	t			
碎石 5 ～ 25	t			
道碴 50 ～ 70	t			
黄砂（中粗）	t			
水泥 42.5 级	kg			
水泥稳定碎石	t			
标志板	套			
标志杆	套			
热熔标线涂料	kg			
交通信号灯	套			
隔离护栏	片			
……	……			

C-10-2 桥梁工程主要工料价格与消耗量指标表

工料名称	单位	数量	金额（元）	单位消耗量指标（每 m²）
综合用工	工日			
热轧带肋钢筋（HRB400）$\phi 10 \sim \phi 32$	t			
热轧带肋钢筋（HRB400）$\phi 36 \sim \phi 40$	t			
热轧圆钢	t			
钢绞线	t			
中厚钢板	t			
预拌混凝土	m³			
水下预拌混凝土	m³			
水泥 42.5 级	kg			
钢筋混凝土方桩	m³			
先张法预应力空心板梁	m³			
后张法预应力箱梁、T 型梁	m³			
预制立柱	m³			
预制盖梁	m³			
钢箱梁及桥面板	t			
型钢伸缩缝	m			
……	……			

C-10-3 越江隧道与地下通道工程主要工料价格与消耗量指标表

工料名称	单位	数量	金额（元）	单位消耗量指标（每 m）
综合用工	工日			
热轧带肋钢筋（HRB400）$\phi 10 \sim \phi 32$	t			
热轧带肋钢筋（HRB400）$\phi 36 \sim \phi 40$	t			
预拌混凝土 C30	m³			
管片连接螺栓	kg			
水泥 32.5 级	kg			
黄砂（中粗）	t			
钢筋混凝土管片 $\phi 11500$	m³			
氯丁橡胶条	kg			
三元乙丙橡胶密封条	m			
……	……			

C-10-4　给水管道工程主要工料价格与消耗量指标表

工料名称	单位	数量	金额（元）	单位消耗量指标（每 m）
综合用工	工日			
水泥 32.5 级	kg			
水泥 42.5 级	t			
黄砂（中粗）	t			
砾石砂	t			
蒸压灰砂砖 240×115×53	千块			
DN325 钢管	m			
DN100 球墨铸铁管	m			
公称外径 32mmPE 管	m			
槽形钢板桩	t			
槽形钢板桩使用	t·d			
钢材	t			
钢管（顶管）φ1820	m			
中继间（排水）φ1800	套			
预拌混凝土 C30	m³			
……	……			

C-10-5　排水管道工程主要工料价格与消耗量指标表

工料名称	单位	数量	金额（元）	单位消耗量指标（每 m）
综合用工	工日			
水泥 32.5 级	kg			
水泥 42.5 级	t			
黄砂（中粗）	t			
砾石砂	t			
蒸压灰砂砖 240×115×53	千块			
钢筋混凝土承插管（PH–48 管）	m			
钢筋混凝土企口管（丹麦管）	m			
DN300HDPE 承插式双壁缠绕管	m			
DN400HDPE 承插式双壁缠绕管	m			
铸铁窨井雨污水盖	套			
槽形钢板桩	t			
槽形钢板桩使用	t·d			
钢材	t			
F 型钢筋混凝土管（顶管）	m			
中继间（排水）φ3000	套			
预拌混凝土 C30	m³			
玻璃钢夹砂管	m			
……	……			

C-10-6 燃气管道工程主要工料价格与消耗量指标表

工料名称	单位	数量	金额（元）	单位消耗量指标（每 m）
综合用工	工日			
钢板桩使用费	t·d			
管道	m			
管件	只			
阀门	个			
调压器	组			
热收缩套	只			
……	……			

C-10-7 路灯工程主要工料价格与消耗量指标表

工料名称	单位	数量	金额（元）	单位消耗量指标（每 m）
综合用工	工日			
铝包带	m			
地脚螺栓	套			
膨胀螺栓（钢制）	盏			
塑料膨胀管（尼龙胀管）	个			
镀锌焊接钢管	m			
铜接线端子	个			
电缆	m			
钢杆灯单灯控制器	台			
钠灯	盏			
绝缘导线	m			
……	……			

C-11 市政工程分部、分项工程内容定义表

分部分项工程		工作内容
道路工程	土方工程	挖耕植土、挖土、填土、场内运输、余土外运
	路基处理	掺石灰、深层水泥搅拌桩、高压水泥旋喷桩、地基注浆、褥垫层、土工合成材料、桥后回填、浜塘处理
	道路基层	路床整形、石灰稳定土、二灰稳定土、水泥稳定碎石、沥青稳定碎石、碎石、砾石砂
	道路面层	水泥混凝土、沥青混凝土、透层粘层、封层、铣刨加罩
	人行道及其他	人行道整修、人行道结构层、侧平石、缘石、挡土墙、圆管涵、浆砌块石护坡
	翻挖工程	翻挖老路、翻挖人行道、翻挖侧平石
	交通管理设施	标志标线、信号灯、隔离栏、环形检测线圈、警示柱、减速垄、电子警察、可变信息情报板
桥梁工程	桩基	预制混凝土桩（方桩、管桩）、钢管桩、钻孔灌注桩
	基坑与边坡支护	板桩、地下连续墙、型钢水泥土搅拌墙
	现浇混凝土构件	垫层、基础、承台、台身、盖梁、梁、桥面混凝土铺装、小型构件、防撞护栏、搭板
	预制混凝土构件	台身、盖梁、梁、小型构件
	钢结构	钢箱梁、钢桁架、钢结构叠合梁
	其他	栏杆、橡胶支座、盆式支座、伸缩缝、桥面连续、防水层、声屏障
越江隧道与地下通道工程	敞开段	土方、支撑、降水、围护结构、地基加固、现浇混凝土构件、其他工程
	暗埋段	土方、支撑、降水、围护结构、地基加固、现浇混凝土构件、其他工程
	盾构段	盾构掘进、进出洞加固、管片、土方、泥水处理
	工作井	土方、支撑、降水、围护结构、地基加固
给水管道工程	给水管道	开槽埋管、顶管、拖拉管、窨井、工作井、接收井
排水管道工程	雨水管道	开槽埋管、顶管、拖拉管、窨井、工作井、接收井
	污水管道	开槽埋管、顶管、拖拉管、窨井、工作井、接收井
燃气管道工程	道路拆除工程	拆除路面、拆除基层、拆除构筑物
	土（石）方工程	平整场地，土（石）方开挖，土（石）方回填，土（石）方外运
	打桩工程	打钢板桩、打拉森桩、打混凝土方桩、钻孔灌注桩
	构筑物工程	阀门井、调压器基础、管件支墩、承台、岸边支墩、工艺管沟
	管道安装工程	管道安装、管件安装、法兰安装、阀门安装、补偿器安装
	拆除工程	管道拆除、附属设备拆除
	刷油防腐及探伤工程	除锈、刷油、外防腐、拍片、探伤、牺牲阳极

分部分项工程		工作内容
燃气管道工程	试压清通工程	压力试验、气密性试验、管道吹扫、管道清通、气体置换
	穿跨越工程	桥管安装工程、定向钻穿越工程、顶管穿越工程、旧管道穿管工程
	附属设备工程	调压器、燃气表
	新旧管连接工程	连接辅助工程、停输连接工程、不停输连接工程
	措施工程	围堰工程、施工护栏及便道、脚手架工程、机械进出场及安拆
	阀室工程	设备安装、工艺管道及阀门安装、电气设备及管道安装、自控设备及安装、附属设备及安装、门禁设备及安装、土建安装
路灯工程	配电设备	低压控制柜、控制箱、控制屏、控制台、接线端子
	灯杆灯具	基础、灯杆灯架、灯具、单灯控制系统
	线缆工程	导线、架空电缆、保护管敷设、电缆敷设、电缆井

附录 D 园林绿化工程

D-01 园林工程分类表

名称	编码	一级名称	二级名称	三级名称
园林工程 D	D0101000	公园绿地	综合公园	
	D0102000		社区公园	
	D0103001		专类公园	动物园
	D0103002			植物园
	D0103003			历史名园
	D0103004			遗址公园
	D0103005			游乐公园
	D0103006			其他专类公园
	D0104000		游园	
	D0200000	防护绿地		
	D0300000	广场用地		
	D0401000	附属绿地	居住用地附属绿地	
	D0402000		公共管理与公共服务设施用地附属绿地	
	D0403000		商业服务业设施用地附属绿地	
	D0404000		工业用地附属绿地	
	D0405000		物流仓储用地附属绿地	
	D0406000		道路与交通设施用地附属绿地	
	D0407000		公用设施用地附属绿地	
	D0501001	区域绿地	风景游憩绿地	风景名胜区
	D0501002			森林公园
	D0501003			湿地公园
	D0501004			郊野公园
	D0501005			其他风景游憩绿地
	D0502000		生态保育绿地	
	D0503000		区域设施防护绿地	
	D0504000		生产绿地	

D-02 园林工程概况表

编码：

名称	内容	备注
工程名称		
报建编号		
项目性质		
投资主体		
承发包模式		
工程地点		
开工日期		
竣工日期		
总占地面积（m²）		
单项工程组成		
单项工程 1　……		填写各单体组成的名称、主要功能参数和数量
单项工程 2　……		填写各单体组成的名称、主要功能参数和数量
……		填写各单体组成的名称、主要功能参数和数量
室外总体		
项目总投资（万元）		
单位造价（元/m²）		总投资/总占地面积
建安工程费（万元）		
单位建安造价（元/m²）		
计价方式		
造价类别		
编制依据		
价格取定期		

注：1 项目性质：新建、扩建、改建。
　　2 投资主体：国资、国资控股、集体、私营、其他。
　　3 承发包模式：公开招标、邀请招标、其他。
　　4 计价方式：清单、定额、其他。
　　5 造价类别：概算价、预算价、最高投标限价、合同价和结算价等。

D-03 单项工程（   ）概况表

编码：

名称	内容
单项工程名称	
建筑（占地）面积（m²）	建筑面积_____　　占地面积_____
建筑和安装工程造价（万元）	
建安工程单位造价（元/单位）	
绿化种植工程	绿地整理面积、栽植花木、绿化措施项目等工作内容；挖方、填方、外进土（种植土、配生种植土、营养土）、垃圾外运、清淤等工作内容及工程量
园路园桥工程	广场、园路、道路透水地面、停车场、栈道、园桥等工作内容及面积、驳岸护岸长度、生态树池个数、植草沟长度/面积、水体面积
园林景观工程	假山、置石、亭廊、花架、园林桌椅、杂项等工作内容及工程量
普通园林建筑工程	土建工程结构类型、基础类型、建筑高度、层数、层高、绿色屋顶、屋面雨水断接；建筑安装工程电气、给排水、消防、智能化等工作内容
雨水花园、人工湿地工程	雨水花园面积、人工湿地面积
室外安装工程	变配电、电气照明、给排水、消防、智能化、喷泉安装、雨水口、蓄渗装置等工作内容
其他	

注：各单项工程分别描述。

D-05 园林工程建设投资指标表

编码：

序号	名称	金额（万元）	单位造价（元/m²）	占总投资比例（%）	备注
1	工程费用				
1.1	建筑安装工程费				
1.2	设备及工器具购置费				
2	工程建设其他费用				
2.1	建设单位管理费				
2.2	代建管理费				
2.3	场地准备及临时设施费				
2.4	前期工程咨询费				
2.5	勘察设计费				
2.6	工程监理费（含财务监理）				
2.7	工程量清单编制费				
2.8	招标代理服务费				
	……				
3	预备费				
3.1	基本预备费				
3.2	价差预备费				
	……				
4	建设期利息和流动资金				
5	土地及房屋征收补偿费用				
6	管线搬迁费用				
	合计				

注：1　前期工程咨询费包含：项目建议书编制费、可行性研究报告编制费、环境影响报告编制费、节能评估报告编制费、社会稳定风险评估报告编制费。
　　2　未发生的费用，填"0"。

D-06　建安工程造价指标表

序号	单项工程名称	金额（万元）	单位造价（元/m²）	占造价比例（%）
1	单项工程一			
2	单项工程二			
3	单项工程三			
4	……			
	合计			

D-07　单项工程（　　　）造价指标表

名称	造价（元）	其中				单位造价（元/m²）	占造价比例（%）
		人工费（元）	材料费（元）	机械费（元）	管理费和利润（元）		
1 分部分项工程费							
1.1	园林工程						
1.2	建筑与装饰工程						
1.3	安装工程						
2 措施项目费							
2.1	园林工程						
2.2	建筑与装饰工程						
2.3	安装工程						
3 其他项目费							
4 规费							
4.1	园林工程						
4.2	建筑与装饰工程						
4.3	安装工程						
5 税金							
5.1	园林工程						
5.2	建筑与装饰工程						
5.3	安装工程						
	合计						

D-08　园林工程经济指标表

名称				造价（元）	单位造价（元/单位）	占造价比例（%）	备注
园林工程	绿化种植工程	绿地整理	挖树根、清除杂草				
			起挖苗木				
			绿地土方				
		栽植花木	栽植植物				
			栽植垂直绿化				
			栽植假植				
		绿化措施	树木支撑架、草绳及麻布绕树杆、遮荫				
			树身涂白及覆盖物				
	园路园桥工程	园路园桥	基础及垫层				
			防潮层				
			找平层				
			散水、明沟、斜坡、台阶				
			整体面层				
			块料面层				
			花式园路				
			路缘石				
			树穴盖板				
			园桥				
		驳岸护岸	驳岸				
			护岸				
			围堰、排水				
	园林景观工程	堆塑假山	堆叠假山				
			堆叠峰石				
			散石堆置				
			人工塑假山				
		小品	亭				
			廊				
			花架				
			园林桌椅				
		杂项	人工雕塑小品				
			金属件加工				

名称			造价（元）	单位造价（元/单位）	占造价比例（%）	备注
雨水花园、人工湿地	雨水花园					
	人工湿地					
措施项目	措施项目	脚手架工程				
		模板工程				
普通园林建筑工程	土（石）方工程					
	地基处理与边坡支护工程					
	桩基工程					
	砌筑工程					
	混凝土及钢筋混凝土工程					
	金属结构工程					
	木结构工程					
	门窗工程					
	屋面及防水工程					
	保温、隔热、防腐工程					
	楼地面装饰工程					
	墙、柱面装饰与隔断、幕墙工程					
	天棚工程					
	油漆、涂料、裱糊工程					
	其他装饰工程					
	拆除工程					
	电气设备安装					
	建筑智能化工程					
	通风空调工程					
	消防工程					
	给排水工程					
	电梯工程					
	绿色屋顶	屋顶基层处理				
		栽植屋顶植物				
	屋面雨水断接					
室外安装工程	电气设备安装					
	智能化工程					
	给排水、消防工程、绿地喷灌、蓄渗装置					
	喷泉安装					
	……					
合计						

D-09 园林工程主要工程量指标表

工程量名称	单位	工程量	单位工程量指标（每单位）
挖树根	株		
起挖树木	株		
起挖草皮、地被	m²		
起挖水生植物	缸，m²		
挖土	m³		
垂直绿化（模块式）	m²		
垂直绿化（粘贴式软式）	m²		
垂直绿化（粘贴式硬式）	m²		
种植土回（换）填	m³		
绿地整理	m²		
绿地土壤改良	m³		
屋顶基层处理	m²		
栽植树木	株，m²		
栽植花境、地被植物	株，m²		
栽植水生植物	株，m²		
栽植屋顶植物	株，m²		
屋面雨水断接	个		
树木支撑	株		
草绳及麻布绕树杆	m		
树木涂白及覆盖物	m²		
园路铺装	m²		
道路透水地面	m²		
路缘石	m		
树穴盖板	m²		
园桥	座		
驳岸	m³		
护岸	m²，m³		
石假山	t		
石峰	t		
景石	t		
人工塑假山	m³		
人工雕塑小品	个		

工程量名称	单位	工程量	单位工程量指标（每单位）
金属件加工	t		
廊	m²		
亭	m²		
花架	m²		
雨水花园、人工湿地	m²		
植草沟	m，m²		
生态树池	个		
园林座椅	个		
艺术小品	个		
栏杆	m		
排水沟	m		
桩基	m³		
砌体	m³		
混凝土	m³		
门窗	m²		
雨水井（口）	只		
蓄渗装置	m²		
配电箱/柜	台		
照明器具	套		
电缆	m		
配线配管	m		
喷泉	座		
井体砌筑	m³		
管线及管件安装	m		
……			

D-10　园林工程主要工料价格与消耗量指标表

工料名称	单位	数量	金额（元）	单位消耗量指标（每单位）
综合工日	工日			
乔木	株			
灌木	株			
棕榈类	株			
竹类	株，丛			
绿篱	m², m，株			
色带	m²，株			
花卉	m²，株			
水生植物	m²，株			
草皮	m²			
草籽	m²，kg			
攀缘植物	m，株			
植草砖	m²			
种植墙	只			
柴油	kg			
水	m³			
农药	kg			
种植土	m³			
面砖	m²			
透水沥青混凝土	m³			
透水水泥混凝土	m³			
沥青	m³			
碎石	m³			
防水卷材	m²			
耐根穿刺防水卷材	m²			
雨水断接	个			
土工布	m²			
砾石	m³			
过滤介质	m³，t			
砂	m³			
海绵专用介质土	m³			
防渗膜	m³			

续表 D-10

工料名称	单位	数量	金额（元）	单位消耗量指标（每单位）
防水毯	m²			
侧石	m			
钢筋	t			
型材	t			
水泥	t			
混凝土	m³			
木材	m³			
石材	m³，t			
砌块	m³			
栏杆	m			
预制构件	m³			
成品桌椅	个			
雕塑	座			
柴油	kg			
管材	m			
管件	个			
雨水井（雨水口）	只			
蓄渗装置	m³			
……	……			

D-11 园林工程分部、分项工程内容定义表

分部分项工程		工作内容
绿化工程	绿地整理	砍伐乔木，挖树根（蔸），砍挖灌木丛及根，砍挖竹及根，砍挖芦苇（或其他水生植物）及根，清除草皮，清除地被植物，种植土回（换）填，整理绿化用地，绿地起坡造型
	栽植花木	栽植乔木，栽植灌木，栽植竹类，栽植棕榈类，栽植绿篱，栽植攀援植物，栽植色带，栽植花卉，栽植水生植物，垂直墙体绿化种植，花卉立体布置，铺种草皮，喷播植草（灌木）籽，植草砖内植草，挂网，箱/钵栽植
	绿化措施	树木支撑架，草绳绕树杆，搭设遮阴（防寒）棚
园路园桥工程	园路、园桥工程	园路，踏（蹬）道，路牙铺设，树池围牙、盖板（箅子），嵌草砖（格）铺装，桥基础，石桥墩、石桥台，拱券石，石券脸，金刚墙砌筑，石桥面铺筑，石桥面檐板，石汀步（步石、飞石），木制步桥，栈道
	驳岸、护岸	石（卵石）砌驳岸，原木桩驳岸，满（散）铺砂卵石护岸（自然护岸），点（散）布大卵石，框格花木驳岸
	围堰、排水工程	围堰，排水
园林景观工程	堆塑假山	堆筑土山丘，堆砌石假山，塑假山，石笋，点风景石，池、盆景置石，山（卵）石护角，山坡（卵）石台阶
	原木、竹构件	原木（带树皮）柱、梁、檩、椽，原木（带树皮）墙，树枝吊挂楣子，竹柱、梁、檩、椽，竹编墙，竹吊挂楣子
	亭廊屋面	草屋面，竹屋面，树皮屋面，油毡瓦屋面，预制混凝土穹顶，彩色压型钢板（夹芯板）攒尖亭屋面板，彩色压型钢板（夹芯板）穹顶，玻璃屋面，木（防腐木）屋面
	花架	现浇混凝土花架柱、梁，预制混凝土花架柱、梁，金属花架柱、梁，木花架柱、梁，竹花架柱、梁
	园林桌椅	预制钢筋混凝土飞来椅，水磨石飞来椅，竹制飞来椅，现浇混凝土桌凳，预制混凝土桌凳，石桌石凳，水磨石桌凳，塑树根桌凳，塑树节椅，塑料、铁艺、金属椅
	杂项	石灯，石球，塑仿石音箱，塑树皮梁、柱，塑竹梁、柱，铁艺栏杆，塑料栏杆，钢筋混凝土艺术围栏，标志牌，景墙，景窗，花饰，博古架，花盆（坛、箱），摆花，花池，垃圾箱，砖石砌小摆设，其他景观小摆设，柔性水池
雨水花园、人工湿地	雨水花园	栽植水生植物、种植土回（换）填，防渗膜、覆盖层、过滤介质层、排水层，整理绿化用地
	人工湿地	栽植水生植物、种植土回（换）填，防渗膜、覆盖层、过滤介质层、排水层，整理绿化用地
措施项目	脚手架工程	砌筑脚手架，抹灰脚手架，亭脚手架，满堂脚手架，堆砌（塑）假山脚手架，桥身脚手架，斜道
	模板工程	现浇混凝土垫层，现浇混凝土路面，现浇混凝土路牙、树池围牙，现浇混凝土花架柱，现浇混凝土花架梁，现浇混凝土花池，现浇混凝土桌凳，石桥拱券石、石券脸胎架

分部分项工程		工作内容
普通园林建筑工程	土（石）方工程	平整场地，土（石）方开挖，土（石）方回填，土（石）方外运
	地基处理与边坡支护工程	素土、灰土地基，砂和砂石地基，土工合成材料地基，粉煤灰地基，强夯地基，注浆加固地基，预压地基，振冲地基，高压喷射注浆地基，水泥土搅拌桩地基，土和灰土挤密桩地基，水泥粉煤灰碎石桩地基，夯实水泥土桩地基，砂桩地基；灌注桩排桩围护墙，重力式挡土墙，板桩围护墙，型钢水泥土搅拌墙，土钉墙与复合土钉墙，地下连续墙，咬合桩围护墙，沉井与沉箱，钢或混凝土支撑，锚杆（索），与主体结构相结合的基坑支护
	桩基工程	先张法预应力管桩，钢筋混凝土预制桩，钢桩，泥浆护壁混凝土灌注桩，长螺旋钻孔压灌桩，沉管灌注桩，干作业成孔灌注桩，锚杆静压桩
	砌筑工程	砖基础，砖砌体，混凝土小型空心砌块砌体，石砌体，配筋砌体、非钢筋混凝土垫层
	混凝土及钢筋混凝土工程	钢筋，现浇混凝土，预制混凝土构件、预埋螺栓、铁件
	金属结构工程	钢结构柱、梁、板、墙、屋架、托架、桁架，金属制品
	木结构工程	木屋架，木构件，屋面木基层
	门窗工程	木门窗安装，金属门窗安装，塑料门窗安装，塑钢门窗安装，特种门安装，门窗套，窗台板，窗帘，窗帘盒、轨道
	屋面及防水工程	卷材防水层，涂膜防水层，复合防水层，接缝密封防水；烧结瓦和混凝土瓦铺装，沥青瓦铺装，金属板铺装，玻璃采光顶铺装，膜结构屋面；檐口，檐沟和天沟，女儿墙和山墙，水落口，变形缝，伸出屋面管道，屋面出入口，反梁过水孔，设施基座，屋脊，屋顶窗；屋面清理，屋顶花园基底处理；栽植屋顶植物；雨水断接
	保温、隔热、防腐工程	地面、柱、梁、墙、天棚、屋面保温隔热，防腐面层
	楼地面装饰工程	找平层，整体面层，块料面层，橡塑面层，木地板，楼梯面层，台阶面层及各类踢脚线
	墙、柱面装饰与隔断、幕墙工程	墙、柱（梁）面抹灰，墙、柱（梁）块料面层，装饰板，木饰面，幕墙，各类隔断
	天棚工程	天棚抹灰，各类吊顶天棚，天棚装饰
	油漆、涂料、裱糊工程	各类木饰面、金属面、抹灰面油漆，柱、梁面、墙面、顶面涂料，金属面防水涂料，柱面、梁面、墙面裱糊
	其他装饰工程	柜类、货架，压条、装饰线，扶手、栏杆、栏板装饰，暖气罩，浴厕配件，雨篷、旗杆，招牌、灯箱，美术字
	措施项目	模板，脚手架，垂直运输，超高运输，大型机械进出场及安拆，施工排水，降水，安全文明措施费及其他措施

分部分项工程		工作内容
普通园林建筑工程	电气设备安装	变压器安装，配电装置安装，母线安装，控制设备及低压电器安装，蓄电池安装，电机检查接线及调试，滑触线装置安装，电缆安装，防雷及接地装置，10kV 以下架空配电线路，配管，配线，照明器具安装，附属工程，电气调整试验，柴油发电机，刷油、防腐蚀工程
	建筑智能化工程	计算机应用、网络系统工程，综合布线系统工程，建筑设备自动化系统工程，建筑信息综合管理系统工程，音频、视频系统工程，安全防范系统工程，程控交换机系统工程，信息引导及发布系统工程，智能灯光控制系统工程，智能灯光控制系统工程，车位引导系统工程，弱电桥架，刷油、防腐蚀工程
	通风空调工程	通风系统，空调系统，防排烟系统，人防通风系统，制冷机房，换热站，空调水系统，多联体空调系统，冷却循环水系统，净化空调系统，通风空调工程系统调试，刷油、防腐蚀、绝热工程
	消防工程	水灭火系统，气体灭火系统，泡沫灭火系统，火灾自动报警系统，消防系统调试，刷油、防腐蚀、绝热工程
	给排水工程	给水工程，中水工程，热水工程，排水工程，雨水工程，压力排水工程，刷油、防腐蚀、绝热工程
	电梯安装工程	电梯安装，刷油、防腐蚀工程
室外总体安装工程	电气设备安装	变压器安装，配电装置安装，母线安装，控制设备及低压电器安装，蓄电池安装，电机检查接线及调试，滑触线装置安装，电缆安装，防雷及接地装置，10kV 以下架空配电线路，配管，配线，照明器具安装，附属工程，电气调整试验，柴油发电机，刷油、防腐蚀工程
	智能化工程	计算机应用、网络系统工程，综合布线系统工程，设备自动化系统工程，信息综合管理系统工程，音频、视频系统工程，安全防范系统工程，程控交换机系统工程，信息引导及发布系统工程，智能灯光控制系统工程，智能灯光控制系统工程，车位引导系统工程，弱电桥架，刷油、防腐蚀工程
	给排水、消防工程、绿地喷灌	给水工程，中水工程，热水工程，排水工程，雨水工程，压力排水工程，消防系统，刷油、防腐蚀、绝热工程，喷灌管线安装，喷灌配件安装，蓄渗装置
	喷泉安装	喷泉管道，喷泉电缆，水下艺术装饰灯具，电气控制柜，喷泉设备

附录 E 城市轨道交通工程

E-01 城市轨道交通工程分类表

名称	编码	一级	二级	三级
轨道交通工程	E0101001	车站	地下车站	车站主体
	E0101002			出入口通道
	E0101003			风道风井
	E0101004			车站建筑装修
	E0101005			车站附属设施
	E0102001		高架车站	桥梁结构
	E0102002			车站房屋
	E0102003			建筑装饰
	E0102004			车站设施
	E0103001		地面车站	路基
	E0103002			桥梁结构
	E0103003			车站房屋
	E0103004			建筑装饰
	E0103005			车站设施
	E0201001	区间土建	地下区间	盾构区间
	E0201002			明挖区间
	E0201003			暗挖区间
	E0201004			盖挖区间
	E0202001		高架区间	单线桥
	E0202002			双线桥
	E0202003			多线桥
	E0202004			特殊节点桥
	E0203001		地面区间	路基
	E0203002			涵洞
	E0203001		特殊区间	出入段区间
	E0203002			与国铁联络线区间
	E0203003			特殊路基过渡段区间
	E0301001	轨道	正线	铺轨
	E0301002			铺道岔
	E0301003			铺道床
	E0302001		车辆段与综合基地	铺轨
	E0302002			铺道岔
	E0302003			铺道床
	E0303001		线路有关工程	有关工程
	E0303002			线路备料
	E0303003			铺轨基地

名称	编码	一级	二级	三级
轨道交通工程	E0401001	通信	正线	专用通信系统
	E0401002			公安通信系统
	E0501001	信号		正线
	E0501002			控制中心
	E0501003			车辆段与停车场
	E0501004			试车线
	E0501005			车载设备
	E0501006			维修与培训中心
	E0601001	供电	变电所（站）	主变电站
	E0601002			降压变电所
	E0601003			牵引变电所
	E0601004			跟随变电所
	E0601005			混合变电所
	E0601006			开闭变电所
	E0602001		环网电缆工程	
	E0603001		接触网（轨）	接触网
	E0603002			接触轨
	E0604001		动力照明	车站照明
	E0604002			区间照明（含风井）
	E0605001		电力监控系统	车站
	E0605002			控制中心
	E0605003			车辆基地
	E0606001		杂散电流防护	正线
	E0606002			车辆段
	E0607001		接地系统	
	E0608001		供电车间	
	E0701001	综合监控		车站
	E0701002			运营控制中心
	E0701003			车辆段及综合基地
	E0801001	防灾报警、环境与设备监控	防灾与报警（FAS）	车站
	E0801002			运营控制中心
	E0801003			车辆段及综合基地
	E0801004			主变电站
	E0802001		环境与设备监控（BAS）	车站
	E0802002			运营控制中心
	E0802003			车辆段及综合基地
	E0901001	安防及门禁	安防系统	车站
	E0901002			运营控制中心
	E0901003			车辆段及综合基地

名称	编码	一级	二级	三级
轨道交通工程	E0902001	安防及门禁	门禁系统	车站
	E0902002			运营控制中心
	E0902003			车辆段及综合基地
	E0902004			主变电站
	E1001001	通风空调与采暖工程	通风、空调	车站通风空调
	E1001002			区间通风
	E1001003		采暖设施	车站采暖
	E1101001	给排水及消防	车站给排水与消防	给水
	E1101002			排水
	E1101003			水消防
	E1101004			市政管网接驳
	E1101005			废水处理
	E1102001		区间给排水与消防	给水
	E1102002			排水
	E1102003			水消防
	E1102004			市政管网接驳
	E1102005			废水处理
	E1103001		自动灭火系统	车站
	E1103002			运营控制中心
	E1103003			车辆段及综合基地
	E1103004			主变电站
	E1201001	自动售检票系统（AFC）		车站
	E1201002			运营控制中心
	E1201001	车站辅助设备	站内客运设备	自动扶梯
	E1201002			垂直电梯
	E1201003			轮椅升降台
	E1201004			自动人行道
	E1202001		站台门	屏蔽门
	E1202002			安全门
	E1301001	车辆段与综合基地、运营控制中心	车辆段	房屋建筑
	E1301002			工艺设备
	E1301003			附属工程
	E1302001		综合基地、运营控制中心	房屋建筑
	E1302002			工艺设备
	E1302003			附属工程
	E1303001		停车场	房屋建筑
	E1303002			工艺设备
	E1303003			附属工程
	E1401001	人防	人防门	
	E1401002		防淹门	

E-02 城市轨道交通工程概况表

编码：

名称			内容	备注
工程名称				
报建编号				
项目性质				
投资主体				
承发包模式				
工程地点				
开工日期				
竣工日期				
建设总里程（正线公里）			共____km	
车站工程	车站总数		共站	
	其中	地下车站	共____站，其中：地下二层站，地下三层站，地下四层站，其他站（请具体说明）	
		高架车站	共____站，其中：高架二层站，高架三层站，其他____站（请具体说明）	
		地面车站	共____站，其中：一层站，二层站，其他站（请具体说明）	
区间工程	区间总里程		共____个区间，区间合计里程____km	
	其中	地下区间	共____个，合计里程____km，其中：盾构区间____个，合计____km；明挖区间____个，合计____km；暗挖区间____个，合计____km；盖挖区间____个，合计____km	
		高架区间	共____个，合计里程____km，其中单线区间____个，合计____km；双线区间____个，合计____km；多线区间____个，合计____km	
		地面区间	共____个，合计里程____km	
其他	停车场		共____座（占地面积____m²，并说明与其他线路的共用情况）	
	综合基地		共____座（占地面积____m²，并说明与其他线路的共用情况）	
	控制中心		共____座（占地面积____m²，并说明与其他线路的共用情况）	
工程投资	项目总投资		____万元	
	单位造价		____万元/km	
	其中	建安造价	____万元	
		单位建安造价	____万元/km	
计价方式				
计价依据				
造价类别				
价格取定期				

备注：1 项目性质：新建、扩建、改建。

2 投资主体：国资、国资控股、集体、私营、其他。

3 承发包模式：公开招标、邀请招标、其他。

4 计价方式：清单、定额、其他。

5 造价类别：概算价、预算价、最高投标限价、合同价和结算价等。

E-03-1　车站土建工程概况表

编码：

名称			内容
单项工程（车站）名称			
建设规模			车站主体长度、宽度、层数、建筑面积、换乘情况等内容
车站类型与布置形式			车站类型：地下车站、地面车站、高架车站、其他；车站平面布置形式：岛式、双岛式、一岛一侧式、侧式等
结构形式			上部结构形式：_____；下部结构形式：_____； 基础形式：_____；基础埋置深度：_____
基础与围护形式			桩基包括各类桩的桩径、桩长、数量；围护形式包括地下连续墙厚度、埋置深度、数量；采用的围护支撑形式如钢格构柱、钢梁、钢筋混凝土梁支撑等
车站装修情况			包括二次结构、屋面、天棚、墙柱面、楼地面、保温、隔热、防腐、门窗等主要内容
附属设施			包括出入口、车站桥梁、过街通道、其他附属设施数量、建筑面积等情况
车站土建工程造价	总造价		____万元（应说明造价包括的范围）
	其中	主体土建	____万元（应说明造价包括的范围）
		主体装饰	____万元（应说明造价包括的范围）
		出入口	____万元（应说明造价包括的范围）
		其他	____万元（包括车站桥梁、过街通道等附属设施应说明范围）
土建工程单位造价	按站计		____万元/座，其中车站主体（不含附属设施）____万元/座
	按建筑面积计		____万元/m²（按车站的全部建筑面积计算，金额以万元为单位，保留四位小数）
	其中	主体土建	按站计____万元/座，按建筑面积计____万元/m²，按车站长度计____万元/m
		主体装饰	按站计____万元/座，按建筑面积计____万元/m²
		出入口	按座计____万元/座，按建筑面积计____万元/m²
		其他	如有，请单列单位造价，按座、建筑面积分别计算
其他			

注：各车站分别描述。

E-03-2　区间土建工程概况表

编码：

名称	内容
单项工程（区间）名称	说明起止点
建设规模	区间长度
区间类型与布置形式	应说明是地下区间、高架区间、地面区间或其他，包括单线或双线、多线布置情况等特征；地下区间还应说明盾构、明挖、暗挖、盖挖情况
结构形式	地下区间应说明隧道直径、盾构（管片）直径、管片宽度与厚度、最大埋置深度、平均埋置深度等；高架区间应说明高架桥梁形式等
基础与围护形式	包括地下连续墙厚度、埋置深度、数量；各类桩的桩径、桩长、数量；采用的围护支撑形式如钢格构柱、钢梁、钢筋混凝土梁支撑等
附属设施	包括出入段线、中间风井、联络通道、盾构区间泵站、盾构工作井等数量及布置情况等
土建工程造价	＿＿＿万元（应说明费用包括内容，如含盾构掘进、管片材料及安装等全部费用
土建工程单位造价	＿＿＿万元/m（应说明费用包括内容，如含盾构掘进、管片材料及安装等全部费用
其他	其他需要说明的情况

注：各区间分别描述。

E-03-3　设备安装工程概况表

编码：

名称	内容
轨道工程	应对铺轨、铺道岔、铺道床等各项的减震要求、技术参数等作简要描述
通信工程	应说明包含哪些子系统，并对各子系统的主要设备品牌型号、配置数量、技术参数等作简要描述
信号工程	应对信号设备品牌型号、配置数量、技术参数等作简要描述
供电工程	应对本系统的变电所、接触网、接触轨、杂散电流、电力监控、接地、UPS等配置数量、技术参数等作简要描述
综合监控	应对本系统网络监控、集成系统的设备品牌型号、配置数量、技术参数等作简要描述
防灾报警、环境与设备监控	应对消防报警FAS、环境与设备监控BAS等系统主要设备的品牌型号、配置数量、技术参数等作简要描述
安防及门禁	应对本系统安检、门禁、一体化操作等主要设备品牌型号、配置数量、技术参数等作简要描述
通风空调与采暖工程	应对本系统的主要设备品牌型号、配置数量、技术参数等作简要描述
给排水及消防	应对本系统的主要设备品牌型号、配置数量、技术参数等作简要描述
	应对本系统的主要设备品牌型号、配置数量、技术参数等作简要描述
自动售检票系统（AFC）	应对本系统的主要设备品牌型号、配置数量、技术参数等作简要描述
车站辅助设备	应对自动扶梯、电梯等设备品牌型号、配置数量、提升速度等技术参数等作简要描述
车辆段与综合基地、运营控制中心	应对主要建筑物内容、配套设施与设备、附属设施等主要情况作描述，如建筑物数量、总占地面积、总建筑面积等
人防	应对人防门、防淹门品牌型号、配置数量、技术参数等作简要描述

注：不同轨交项目可根据实际情况调整系统及子系统内容。

E-05 城市轨道交通工程建设投资指标表

编码：

序号	名称	总金额（万元）	单位指标（万元/km）	占总投资比例（%）	备注
1	第一部分　建筑安装工程费				
1.1	车站土建工程				
1.2	区间土建工程				
1.3	轨道工程				
1.4	通信工程				
1.5	信号工程				
1.6	供电工程				
1.7	设备监控及集成系统				
1.8	防灾报警				
1.9	安检设备及门禁				
1.10	通风空调与采暖工程				
1.11	给排水及消防工程				
1.12	自动售检票系统（AFC）				
1.13	车站辅助设备				
1.14	车辆段与综合基地				
1.15	人防				
1.16	工器具及生产家具购置费				
2	第二部分　工程建设其他费用				
2.1	前期工程费				
2.2	其他费用				
3	第三部分　预备费				
3.1	基本预备费				
3.2	价差预备费				
4	第四部分　专项费用				
4.1	车辆购置费				
4.2	建设期贷款利息				
4.3	铺底流动资金				
	工程总投资（1+2+3+4）				

注：1　前期工程费包括：土地征用费（含购地费、临时占地费）、建（构）筑物迁建补偿费（含房屋补偿费、商业补偿费、构筑物补偿费）、树木及绿化赔偿费、管线迁改费、道路恢复费、交通疏解费等。

2　其他费用包括：场地准备及建设单位临时设施费、建设管理费（含建设单位管理费、建设工程监理与相关服务费、招标代理服务费、招投标交易服务费）、前期工作费（含可行性研究费、环境影响评价费、客流预测报告编制费、地震安全性评价费、地质灾害危险性评估费、节能评估费、社会稳定风险评估费、防洪评价费、文物勘探费、其他前期工作费用）、研究试验费、勘察设计费（含勘察、设计、施工图设计文件审查费）、咨询费（含设计咨询费、工程造价咨询费）、引进技术和引进设备其他费、综合联调及试运行费、专利及专有技术使用费、生产准备及开办费（含生产职工培训费、办公和生活家具购置费、工器具费购置费）、工程保险费、特殊设备安全监督检验费、既有建（构）筑物加固费用、第三方监测费、配合辅助工程费、其他费用等。

3　本表中各类费用项目开列可视工程实际情况进行调整。

E-06　城市轨道交通工程建安投资指标明细表

编码：

序号	名称	总金额（万元）	单位造价（万元/每单位）	占总投资比例（％）	备注
1	车站土建工程				
1.1	地下车站				
1.1.1	车站1				
1.1.2	车站2				
1.1.3	车站3				
	……				
1.2	高架车站				
1.2.1	车站1				
1.2.2	车站2				
1.2.3	车站3				
	……				
1.3	地面车站				
1.3.1	车站1				
1.3.2	车站2				
1.3.3	车站3				
	……				
2	区间土建工程				
2.1	地下区间（段）				
2.1.1	区间1（车站1～车站2）				
2.1.2	区间2（车站2～车站3）				
2.1.3	区间3（车站3～车站4）				
	……				
2.2	高架区间				
2.2.1	区间1（车站1～车站2）				
2.2.2	区间2（车站2～车站3）				
2.2.3	区间3（车站3～车站4）				
	……				
2.3	地面区间				
2.3.1	区间1（车站1～车站2）				
2.3.2	区间2（车站2～车站3）				
2.3.3	区间3（车站3～车站4）				
	……				
3	轨道工程				
3.1	地下线路				
3.1.1	一般段				
3.1.2	一般减振段				

序号	名称	总金额（万元）	单位造价（万元/每单位）	占总投资比例（%）	备注
3.1.3	特殊减振段				
3.2	高架线路				
3.2.1	高架一般段				
3.2.2	高架一般减振段				
3.2.3	特殊减振段				
4	通信工程				
4.1	正线				
4.1.1	传输系统				
4.1.2	公务通信系统				
4.1.3	专用通信系统				
4.1.4	专用无线通信系统				
4.1.5	广播系统				
4.1.6	时钟系统				
4.1.7	电视监控系统				
4.1.8	电源系统				
4.1.9	车站乘客引导显示系统				
4.1.10	公安无线引入系统				
4.1.11	消防无线引入系统				
4.1.12	自动记点系统				
4.1.13	车站附属				
4.1.14	信息资源				
4.1.15	故障集中监视				
4.2	控制中心				
4.2.1	传输系统				
4.2.2	公务通信系统				
4.2.3	专用通信系统				
4.2.4	广播系统				
4.2.5	时钟系统				
4.2.6	电视监控系统				
4.2.7	车站乘客引导显示系统				
4.2.8	故障集中监视设施				
4.2.9	专用无线通信系统				
4.2.10	公安无线引入系统				
4.2.11	消防无线引入系统				
4.2.12	自动记点系统				
4.2.13	信息资源				
4.3	停车场				

续表 E-06

序号	名称	总金额（万元）	单位造价（万元/每单位）	占总投资比例（%）	备注
4.3.1	传输系统				
4.3.2	专用无线通信系统				
4.3.3	时钟系统				
4.3.4	电源系统				
4.3.5	技术防范系统				
5	信号工程				
5.1	正线				
5.1.1	ATS 系统				
5.1.2	ATP/ATO 系统				
5.1.3	联锁装置				
5.1.4	车载信号设备				
5.1.5	信号安装				
5.2	控制中心信号				
5.3	停车场				
5.3.1	信号安装				
5.3.2	ATS 系统				
5.3.3	试车线				
6	供电工程				
6.1	主变电所				
6.2	主变电站电力进线（含进线仓位费）				
6.3	主变电缆通道				
6.4	35kV 开关站				
6.5	牵引降压混合变电所				
6.6	降压变电所				
6.7	跟随所				
6.8	环网电缆工程				
6.9	接触网				
6.10	动力照明				
6.11	区间动力照明				
6.12	杂散电流防护				
6.13	电力监控及能耗监测管理系统				
6.14	停车场				
6.15	接触网				
6.16	杂散电流防护				
6.17	声光报警				
7	设备监控及集成系统				
7.1	集成系统				

序号	名称	总金额（万元）	单位造价（万元/每单位）	占总投资比例（%）	备注
7.2	环境与设备监控				
7.3	风水联动				
8	防灾报警				
8.1	车站				
8.2	车辆基地				
9	安检设备及门禁				
9.1	门禁				
9.2	安检设备				
10	通风空调与采暖工程				
10.1	车站通风空调				
10.2	区间通风（中间风井）				
11	给排水及消防工程				
11.1	车站给排水与消防				
11.2	区间给排水与水消防				
11.3	气体灭火系统				
12	自动售检票系统（AFC）				
12.1	车站				
12.2	控制中心				
13	车站辅助设备				
13.1	自动扶梯与电梯				
13.1.1	自动扶梯				
13.1.2	垂直电梯				
13.2	屏蔽门				
14	车辆段与综合基地				
15	人防				
15.1	人防门				
15.2	防淹门				
16	工器具及生产家具购置费				

注：本表中各类费用项目开列可视工程实际情况进行调整。

E-07 单项工程（　　　）造价指标表

名称	造价（元）	其中				单位造价（元/每单位）	占造价比例（%）
		人工费（元）	材料费（元）	机械费（元）	管理费和利润（元）		
1 分部分项工程费							
1.1 车站土建工程							
1.2 区间土建工程							
1.3 轨道工程							
1.4 通信工程							
1.5 信号工程							
1.6 供电工程							
1.7 设备监控及集成系统							
1.8 防灾报警							
1.9 安检设备及门禁							
1.10 通风空调与采暖工程							
1.11 给排水及消防工程							
1.12 自动售检票系统（AFC）							
1.13 车站辅助设备							
1.14 车辆段与综合基地							
1.15 人防							
2 措施项目费							
2.1 车站土建工程							
2.2 区间土建工程							
2.3 轨道工程							
2.4 通信工程							
2.5 信号工程							
2.6 供电工程							
2.7 设备监控及集成系统							
2.8 防灾报警							
2.9 安检设备及门禁							
2.10 通风空调与采暖工程							
2.11 给排水及消防工程							
2.12 自动售检票系统（AFC）							
2.13 车站辅助设备							
2.14 车辆段与综合基地							
2.15 人防							
3 其他项目费							

名称		造价（元）	其中				单位造价（元/每单位）	占造价比例（%）
			人工费（元）	材料费（元）	机械费（元）	管理费和利润（元）		
4	规费							
4.1	车站土建工程							
4.2	区间土建工程							
4.3	轨道工程							
4.4	通信工程							
4.5	信号工程							
4.6	供电工程							
4.7	设备监控及集成系统							
4.8	防灾报警							
4.9	安检设备及门禁							
4.10	通风空调与采暖工程							
4.11	给排水及消防工程							
4.12	自动售检票系统（AFC）							
4.13	车站辅助设备							
4.14	车辆段与综合基地							
4.15	人防							
5	税金							
5.1	车站土建工程							
5.2	区间土建工程							
5.3	轨道工程							
5.4	通信工程							
5.5.	信号工程							
5.6	供电工程							
5.7	设备监控及集成系统							
5.8	防灾报警							
5.9	安检设备及门禁							
5.10	通风空调与采暖工程							
5.11	给排水及消防工程							
5.12	自动售检票系统（AFC）							
5.13	车站辅助设备							
5.14	车辆段与综合基地							
5.15	人防							
合计								

E-08-1　城市轨道交通地下车站土建工程经济指标表

车站名称：　　　　　　　　　　　　　　　施工方式：

序号	项目名称	工程造价（万元）	单位造价（元/m²）	单位造价占比（%）	备注
1	车站主体				按车站主体部分面积计
1.1	竖井及横通道				盖挖法、暗挖法选填
1.2	土（石）方及降水工程				含基坑降水
1.3	地基加固				
1.4	围护工程				
1.5	结构工程				
1.6	结构防水工程				
1.7	其他				含施工缝、预埋铁件、杂散电流防腐等
2	出入口通道				按出入口面积合并计
2.1	竖井及横通道				盖挖法、暗挖法选填
2.2	土（石）方及降水工程				含基坑降水
2.3	地基加固				
2.4	围护工程				
2.5	结构工程				
2.6	结构防水工程				
2.7	顶管工程				
2.8	出入口地面建筑				
2.9	其他				含施工缝、预埋铁件、杂散电流防腐等
3	风道、风井				
3.1	风道				注明施工方法
3.2	风井				
3.3	风亭				
4	附属设施及其他				
4.1	车站导向标志、路引				
4.2	其他附属设施				包括人行通道、天桥、其他地面附属设施等，应具体说明

注：不同车站应分别填表。

E-08-2 城市轨道交通高架车站土建工程经济指标表

车站名称：

序号	项目名称	工程造价（万元）	单位造价（元/m²）	单位造价占比（%）	备注
1	高架桥梁结构				
1.1	基础工程				
1.2	下部结构				
1.3	上部结构				
2	车站房屋				
3	建筑装饰				含内隔墙及其门等
4	站内设施				
4.1	导向标志、路引				
4.2	站内其他附属设施				
5	站外附属设施				
5.1	人行天桥				含天桥楼梯，内容参桥梁，按每个人行天桥分列
5.2	地下人行通道				内容参出入口通道，按每个进出站地下人行通道分列
5.3	进出站道路				道路附属设施，按每处进出站道路分列
6	其他附属设施				按站外公厕、绿化、自行车棚、车库、停车场、排水设施等不同工程类别分列

注：不同车站应分别填表。

E-08-3　城市轨道交通地面车站土建工程经济指标表

车站名称：

序号	项目名称	工程造价（万元）	单位造价（元/m²）	单位造价占比（%）	备注
1	路基工程				
1.1	路基土（石）方				
1.2	特设路基				
1.3	附属工程				
2	桥梁结构				
2.1	桥涵				
2.2	涵洞				
3	车站房屋				
3.1	钢筋混凝土结构				
3.2	钢结构				
3.3	其他				
4	建筑装饰				含天桥楼梯，内容参桥梁，按每个人行天桥分列
5	车站设施				内容参出入口通道，按每个进出站地下人行通道分列
5.1	人行天桥、连廊、通廊				
5.2	进出站地下人行通道				
5.3	进出站道路				
5.4	路引、站名牌等				道路附属设施，按每处进出站道路分列
5.5	其他附属设施				按不同工程类别分列
6	噪声防护				含声屏障

注：不同车站应分别填表。

E-08-4　城市轨道交通车站装饰工程经济指标表

序号	项目名称	工程造价（万元）	单位造价（元/m²）	单位造价占比（%）	备注
1	二次结构				应说明具体形式
2	屋面工程				
3	楼地面装饰工程				
4	墙、柱面装饰工程				
5	保温、隔热、防腐工程				
6	隔断、幕墙工程				
7	天棚工程				
8	油漆、涂料、裱糊工程				
9	其他装饰工程				

注：不同车站应分别填表。

E-08-5　城市轨道交通区间土建工程经济指标表

序号	项目名称	工程造价（万元）	单位造价（元/m）	单位造价占比（%）	备注
1	地下区间（段）				盾构法施工
1.1	盾构段				含盾构进出、掘进、出土外运、注浆、进出洞口加固、管片制作运输及安装、监测等全部费用
1.2	明挖段				
1.3	暗挖段				
1.4	盖挖段				
2	高架区间（段）				
2.1	单线桥				
2.2	双线桥				
2.3	多线桥				
3	地面区间（段）				
3.1	路基				
3.2	涵洞				
4	特殊区间（段）				
4.1	出入段				
4.2	联络段				
4.3	特殊路基过渡段				
5	附属工程				
5.1	防撞护栏				
5.2	声屏障				
5.3	其他附属工程				如工艺建筑、站名牌、标记等

注：可根据区间的具体情况调整子目内容。

E-08-6　城市轨道交通轨道工程经济指标表

序号	项目名称	工程造价（万元）	单位造价（元/m）	单位造价占比（%）	备注
1	铺轨工程				
2	铺道岔工程				
3	铺道床工程				
4	轨道加强设备及护轮轨				
5	线路有关工程				

注：可根据区间的具体情况调整子目内容。

E-08-7　城市轨道交通设备安装工程经济指标表

序号	项目名称	工程造价（万元）	单位造价（元/m）	单位造价占比（%）	备注
1	通信与信号工程				
1.1	通信线路工程				
1.2	传输系统				
1.3	电话系统				
1.4	无线通信系统				
1.5	广播系统				
1.6	闭路电视监控系统				
1.7	时钟系统				
1.8	电源系统				
1.9	计算机网络及附属设备				
1.10	联调联试、试运行				
1.11	信号线路				
1.12	室外设备				
1.13	室内设备				
1.14	车载设备				
1.15	系统调试				
2	供电、智能与控制工程				
2.1	变电所				
2.2	接触网				
2.3	接触轨				
2.4	杂散电流				
2.5	电力监控				
2.6	动力照明				
2.7	电缆及配管配线				
2.8	综合接地				
2.9	感应板安装				
2.10	综合监控系统				
2.11	环境与机电设备监控系统（BAS）				
2.12	火灾报警系统（FAS）				
2.13	旅客信息系统（PLS）				
2.14	安全防范系统（SPS）				
2.15	不间断电源系统（UPS）				
2.16	自动售票系统（AFS）				
3	机电、车辆基地设备安装工程				
3.1	自动扶梯及电梯				
3.2	立转门				
3.3	屏蔽门（或安全门）				
3.4	人防设备及防淹门				
3.5	停车列检库工艺设备安装工程				
3.6	联合检修库设备安装工程				
3.7	内燃机车库设备安装工程				
3.8	洗车库、不落轮镟库设备安装工程				
3.9	空压机站设备安装工程				
3.10	压缩空气管路设备安装工程				
3.11	蓄电池检修间设备安装工程				
3.12	综合维修设备安装工程				
3.13	物资总库设备安装工程				

注：可根据项目的具体情况调整子目内容。

E-09-1 城市轨道交通车站土建工程主要工程量指标表

序号	工程量名称	单位	数量	单位指标（单位 /m²）
1	土方	m³		
2	石方	m³		
3	高压旋喷桩（地基加固）	m³		
4	高压旋喷桩（围护）	m		
5	地下连续墙（围护）	m³		
6	钻孔灌注桩（地基加固）	m		
7	钻孔灌注桩（围护）	m		
8	钢混凝土支撑（围护）	m³		
9	钢支撑（围护）	t		
10	结构混凝土（预制）	m³		
11	结构混凝土（现浇）	m³		
12	钢筋（结构用）	t		
13	钢结构	t		
14	砌体	m³		
15	结构防水	m²		
16	顶管	m		

E-09-2 城市轨道交通区间土建工程主要工程量指标表

序号	工程量名称	单位	数量	单位指标（单位 /km）
1	土方	m³		
2	石方	m³		
3	盾构掘进	m		
4	管片制安	m		
5	高压旋喷桩（地基加固）	m³		
6	高压旋喷桩（围护）	m		
7	地下连续墙（围护）	m³		
8	钻孔灌注桩（地基加固）	m		
9	钻孔灌注桩（围护）	m		
10	钢混凝土支撑（围护）	m³		
11	钢支撑（围护）	t		
12	结构混凝土（预制）	m³		
13	结构混凝土（现浇）	m³		
14	钢筋（结构用）	t		
15	钢结构	t		

E-09-3　城市轨道交通轨道工程主要工程量指标表

序号	工程量名称	单位	数量	单位指标（单位/km）
1	铺轨工程	km		
2	铺道岔工程	km		
3	铺道床工程	km		
4	轨道加强设备及护轮轨	km		
5	线路有关工程	km		

E-09-4　城市轨道交通通信信号工程主要工程量指标表

序号	工程量名称	单位	数量	单位指标（单位/km）
1	通信线路工程	km		
2	传输系统	套		
3	电话系统	套		
4	无线通信系统	套		
5	广播系统	套		
6	闭路电视监控系统	套		
7	时钟系统	套		
8	电源系统	组		
9	计算机网络及附属设备	套		
10	联调联试、试运行	系统		
11	信号线路	km		
12	室外设备	套		
13	室内设备	套		
14	车载设备	套		
15	系统调试	套		

E-09-5　城市轨道交通供电、智能与控制工程主要工程量指标表

序号	工程量名称	单位	数量	单位指标（单位/km）
1	变电所	所		
2	接触网	条，km		
3	接触轨	m		
4	杂散电流	项		
5	电力监控	套		
6	动力照明	套		
7	电缆及配管配线	m		
8	综合接地	项		
9	感应板安装	m		
10	综合监控系统	套		
11	环境与机电设备监控系统（BAS）	套		
12	火灾报警系统（FAS）	套		
13	旅客信息系统（PIS）	套		
14	安全防范系统（SPS）	套		
15	不间断电源系统（UPS）	套		
16	自动售票系统（AFS）	套		

E-09-6　城市轨道交通机电设备安装、车辆基地工艺设备主要工程量指标表

序号	工程量名称	单位	数量	单位指标 （单位／基地）
1	电梯	部		
2	立转门	m²		
3	屏蔽门（或安全门）	门，单元		
4	人防门（防淹门）	樘		
5	停车列检库工艺设备	组		
6	联合检修库设备	组		
7	内燃机车库设备	组		
8	洗车库、不落轮镟库设备	组		
9	空压机站设备	组		
10	压缩空气管路设备	组		
11	蓄电池检修间设备	组		
12	综合维修设备	组		
13	物资总库设备	组		

E-10-1　城市轨道交通车站土建工程主要工料价格与消耗量指标表

序号	工料名称	单位	数量	单价（元）	单位消耗量指标 （单位／m²）
1	综合用工	工日			
2	钢筋	t			
3	型材	t			
4	管材	t			
5	锚索	t			
6	水泥	t			
7	砂	t			
8	外加剂	t			
9	碎石	t			
10	钢支撑、钢围檩	t			
11	现浇商品混凝土	m³			
12	预制商品混凝土	m³			
13	防水卷材	m²			
14	防水涂料	m²			
15	施工缝、变形缝	m			
16	模板	m³			
17	脚手架	m³			
18	片（块）石	m³			
19	条石	m³			

注：本表中内容可视具体情况调整。

E-10-2 城市轨道交通区间土建工程主要工料价格与消耗量指标表

序号	工料名称	单位	数量	单价 （元）	单位消耗量指标 （单位/km）
1	综合用工	工日			
2	钢筋	t			
3	型材	t			
4	管材	t			
5	水泥	t			
6	砂	t			
7	碎石	t			
8	现浇商品混凝土	m³			
9	预制商品混凝土	m³			
10	管片	环			
11	三元乙丙	m			
12	管片连接螺栓	kg			
13	软木衬垫	m²			
14	防水卷材	m²			
15	涂料	m²			
16	止水带、条	m			
17	支座	个			
18	伸缩装置	m			
19	隔声屏障	m			
20	桥面排（泄）水管	m			
21	模板	m³			
22	脚手架	m³			
23	钢支撑、贝雷梁	t			
24	片（块）石	m³			
25	条石	m³			
26	台车	个			

E-10-3 城市轨道交通轨道工程主要工料价格及消耗量指标

序号	工料名称	单位	数量	单价 （元）	单位指标 （单位/km）
1	综合用工	工日			
2	钢轨	根			
3	其他钢材	t			
4	水泥	t			
5	砂	t			
6	混凝土枕	块			
7	其他混凝土	m³			
8	道岔	m³			
9	岔枕	组			
10	道岔钢轨支撑架	组			
11	轨距杆	根			
12	垫块、垫圈、垫板	个			
13	防爬器	个			
14	接头夹板	块			

E-10-4 城市轨道交通通信信号工程主要工料价格及消耗量指标

序号	工料名称	单位	数量	单价（元）	单位指标（单位/km）
1	钢筋	t			
2	型材	t			
3	管材	t			
4	水泥	t			
5	砂	t			
6	现浇商品混凝土	m³			
7	预制商品混凝土	m³			
8	混凝土管道	m			
9	塑料（钢）管道	m			
10	光缆	m			
11	标志牌、标桩	根			
12	通信信号线缆	m			
13	光纤连接盘	块			
14	设备线缆	m			
15	线缆	m			
16	连接线	km			
17	托架、吊架	套			
18	机柜、机架	架			
19	传输设备	套			
20	网管设备	套			
21	同步数字网络设备	台			
22	光缆检测设备	站			
23	铁塔	处			
24	控制设备	处			
25	摄像设备	台			
26	监视器（屏、墙）	台，m²			
27	视频控制设备	台			
28	室外设备	套			
29	室内设备	台			
30	车载设备	套，车组			

E-10-5 城市轨道交通供电、智能与控制工程主要工料价格及消耗量指标

序号	工料名称	单位	数量	单价（元）	单位指标（单位/km）
1	钢筋	t			
2	型材	t			
3	管材	t			
4	水泥	t			
5	砂	t			
6	现浇商品混凝土	m³			
7	预制商品混凝土	m³			
8	变压器（变电所）	台			
9	高压开关柜；配电柜、箱	台			
10	再生制动设备	台			
11	钢轨电位限制装置	台			
12	支柱、门型架、硬横梁	根			
13	支柱悬挂安装	处			
14	接触网设备	条，km			
15	接触轨	m			
16	接触轨设备	台			
17	接触轨防护板	m			
18	排流柜	台			
19	车站灯具、隧道、高架灯	套			
20	电缆	m			
21	桥架	m			
22	支架、吊架	套，t			
23	配管、配线	m			
24	接地体	根			
25	感应板	m			
26	综合监控设备	台			
27	环境与机电设备监控系统	套			
28	火灾报警系统（FAS）	套			
29	旅客信息系统（PIS）	套			
30	安全防范系统（SPS）	套			
31	不间断电源系统（UPS）	套			
32	自动售票系统（AFS）	套			

E-10-6　城市轨道交通机电设备安装、车辆基地工艺设备主要工料价格及消耗量指标

序号	工料名称	单位	数量	单价（元）	单位指标（单位／基地）
1	电梯	部			
2	立转门	m^2			
3	屏蔽门（或安全门）	门，单元			
4	人防门（防淹门）	樘			
5	停车列检库工艺设备	组			
6	联合检修库设备	组			
7	内燃机车库设备	组			
8	洗车库、不落轮镟库设备	组			
9	空压机站设备	组			
10	压缩空气管路设备	组			
11	蓄电池检修间设备	组			
12	综合维修设备	组			
13	物资总库设备	组			

E-11　城市轨道工程分部、分项工程内容定义表

分部分项工程	工作内容
地下车站土建工程	车站主体 出入口通道 风道风井 车站建筑装修 车站附属设施
高架车站土建工程	桥梁结构 车站房屋 建筑装饰 车站附属设施
地面车站土建工程	路基 桥梁结构 车站房屋 建筑装饰 车站设施
区间土建工程	地下区间（段）（含盾构、明挖、暗挖及盖挖区间） 高架区间（段） 地面区间（段） 特殊区间（段）（出入段、联络通道、附属工程）
轨道工程	铺轨工程 铺道岔工程 铺道床工程 轨道加强设备及护轮轨 线路有关工程
通设备安装工程	通信与信号工程 供电、智能与控制工程 机电、车辆基地设备安装工程

附录 F 公路工程

F-01 公路工程分类表

名称	编码	一级名称	二级名称	三级名称
公路工程 F	F0101001	道路工程	高速公路	设计速度 60 ～ 120km/h
	F0102001		一级公路	设计速度 60 ～ 100km/h
	F0103001		二级公路	设计速度 40 ～ 80km/h
	F0104001		三级公路	设计速度 30 ～ 40km/h
	F0105001		四级公路	设计速度 20km/h
	F0201001	桥梁涵洞工程	特大桥	多孔跨径＞ 1000m
	F0201002			单孔跨径＞ 150m
	F0202001		大桥	1000m ≥多孔跨径≥ 100m
	F0202002			150m ≥单孔跨径≥ 40m
	F0203001		中桥	100m ＞多孔跨径＞ 30m
	F0203002			40m ＞单孔跨径≥ 20m
	F0204001		小桥	30m ≥多孔跨径≥ 8m
	F0204002			20m ＞单孔跨径≥ 5m
	F0205001		涵洞	5m ＞单孔跨径
	F0301001	隧道工程	越江隧道	明挖法：有支护
	F0301002			明挖法：无支护
	F0301003			暗挖法：管幕法
	F0301004			暗挖法：矿山法
	F0301005			暗挖法：盾构法
	F0301006			暗挖法：顶进法
	F0302001		城市下立交	明挖法：有支护
	F0302002			明挖法：无支护
	F0302003			暗挖法：管幕法
	F0302004			暗挖法：盾构法
	F0302005			暗挖法：顶进法

F-02 公路工程概况表

编码：

名称	内容	备注
工程名称		
报建编号		
项目性质		
投资主体		
承发包方式		
工程地点		
开工日期		
竣工日期		
主要工程	路基工程、路面工程、桥梁 涵洞、隧道工程、安全设施及预埋管线等	
工程等级		
道路工程	公路等级、长度等	
桥梁涵洞工程	桥梁涵洞规模等	
隧道工程	形式、长度等	
海绵城市（具体做法）	道路透水地面、雨水井、蓄渗装置等	
项目总投资（万元）		
单位造价（元/公路公里）		
建安工程费（万元）		
单位建安造价（元/公路公里）		
计价方式		
造价类别		
编制依据		
价格取定期		

注：1 项目性质：新建、扩建、改建。
  2 投资主体：国资、国资控股、集体、私营、其他。
  3 承发包模式：公开招标、邀请招标、其他。
  4 计价方式：清单、定额、其他。
  5 造价类别：概算价、预算价、最高投标限价、合同价和结算价等。

编码：

	序号	名称	内容	备注
道路工程	1	道路净长（m）	扣桥梁长度	
	2	红线宽度（m）		
	3	横断面布置（m）		
	3.1	机动车道宽		
	3.2	非机动车道宽		
	3.3	人行道宽		
	3.4	中央分隔带宽		
	3.5	机非分隔带宽		
	4	路面结构层		
	4.1	机动车道结构层		
	4.2	非机动车道结构层		
	4.3	人行道结构层		
	4.4	铣刨加罩结构层		
	5	挡土墙		
桥梁、涵洞	1	桥梁数量（座）		
	2	跨径布置（m）		
	2.1	桥梁1		
	2.2	桥梁2		
	2.3	……		
	3	桥梁面积（m²）		
	3.1	桥梁1		
	3.2	桥梁2		
	3.3	……		
	4	上部结构形式		
	4.1	桥梁1	预制空心板梁	预制空心板梁、预制小箱梁、预制T梁、现浇大箱梁、钢箱梁、叠合梁、组合钢板梁、系杆拱、悬索桥、斜拉桥
	4.2	桥梁2	预制小箱梁	
	4.3	……	现浇大箱梁	
	4.4	……	现浇大箱梁	
	5	桩基形式		
	5.1	桥梁1	钻孔灌注桩	桩径、桩长、桩数
	5.2	桥梁2	打入桩	桩径、桩长、桩数
	5.3	……		

编码：

序号		名称	内容	备注
隧道工程	1	敞开段		
	1.1	长度		
	1.2	面积		
	1.3	断面尺寸		
	2	暗埋段		
	2.1	长度		
	2.2	面积		
	2.3	断面尺寸		
	3	盾构段		
	3.1	长度		
	3.2	面积		
	3.3	断面尺寸		
	4	工作井		
	4.1	数量		
	4.2	尺寸		

F-05 公路工程建设投资指标表

编码：

序号	名称		金额（万元）	单位造价（元/m²）	占总投资比例（%）	备注
1	建筑安装工程费					
1.1	临时工程					
1.2	道路工程	路基工程				
1.3		路面工程				
1.4	桥梁、涵洞					
1.5	隧道工程					
1.6	交叉工程					
1.7	交通工程及沿线设施					
1.8	绿化及环境保护工程					
1.9	其他工程					
1.10	专项费用					
	……					
2	土地征用及拆迁补偿费					
2.1	土地使用费					
2.2	拆迁补偿费					
2.3	其他补偿费					
	……					
3	工程建设其他费用					
3.1	建设项目管理费					
3.2	研究试验费					
3.3	建设项目前期工作费					
3.4	专项评价（估）费					
3.5	联合试运转费					
3.6	生产准备费					
3.7	工程保通费					
3.8	工程保险费					
3.9	其他相关费用					
	……					
4	预留费用					
4.1	基本预备费					
4.2	价差预备费					
	……					
5	建设期利息					
	……					
	合计					

F-07 单项工程（　　　　）造价指标表

序号	工程名称	直接费（元）				间接费（元）	利润（元）	税金（元）	工程费用		
		直接工程费			其他工程费（元）				金额（元）	单位造价（元/km）	占造价比例（%）
		人工费（元）	材料费（元）	机械使用费（元）							
1	临时工程										
2	道路工程										
3	桥涵工程										
4	隧道工程										
5	安全设施及预埋管线										
6	绿化及环境保护设施										
合计											

名称		项目名称	单位	经济指标			备注
				造价（万元）	单位指标（万元/单位）	占总造价比例（%）	
总则		第100章	公路公里				
道路工程	路基工程	清理	m³				
		挖填方	m³				
		路基填筑	公路公里				
		路基处理	项				
		路基排水	公路公里				
		护坡	m²				
		挡土墙	m				
		边坡防护	公路公里				
		其他	公路公里				
	路面工程	路面基层	m²				
		路面面层	项				
		路肩、分隔带及缘石	m				
		路面排水	项				
桥梁、涵洞	桥梁	挖方	m³				
		桩	m³				
		混凝土基础	m³				
		混凝土下部结构	m³				
		现浇混凝土上部结构	m³				
		预制混凝土上部结构	m³				
		上部结构现浇整体化混凝土	m³				
		混凝土附属结构	m³				
		铺装及防水层	m³				
		伸缩装置	项				
		其他	项				
	涵洞	圆管涵	m				
		盖板涵、箱涵	m				
		拱涵	m				
		其他	项				
隧道工程		敞开段	m³				
		暗埋段	m³				
		盾构段	m³				
		工作井	m²				
安全设施及预埋管线		护栏	m				
		隔离栅	m				

名称	项目名称	单位	经济指标			备注
			造价（万元）	单位指标（万元/单位）	占总造价比例（%）	
安全设施及预埋管线	标志标线	公路公里				
	收费站	处				
	管道工程	m				
	其他	项				
绿化及环境保护设施	铺设表土	m³				
	撒播草种和铺植草皮	m²				
	种植乔木、灌木和攀缘植物	株				
	声屏障	m				
	其他	项				

名称		工程量名称	单位	工程量	单位工程量指标 （公路公里）	备注
总则		临时工程及其他	公路公里			
道路工程	路基工程	清理	m³			
		挖填方	m³			
		路基填筑	公路公里			
		路基处理	项			
		路基排水	公路公里			
		护坡	m²			
		挡土墙	m			
		边坡防护	公路公里			
		其他	公路公里			
	路面工程	路面基层	m²			
		路面面层	项			
		路肩、分隔带及缘石	m			
		路面排水	项			
桥梁、涵洞	桥梁	挖方	m³			
		桩	m³			
		混凝土基础	m³			
		混凝土下部结构	m³			
		现浇混凝土上部结构	m³			
		预制混凝土上部结构	m³			
		上部结构现浇整体化混凝土	m³			
		混凝土附属结构	m³			
		铺装及防水层	m³			
		伸缩装置	项			
		其他	项			
	涵洞	圆管涵	m			
		盖板涵、箱涵	m			
		拱涵	m			
		其他	项			
隧道工程		敞开段	m³			
		土方、支撑、降水	m³			
		围护结构	m³			
		地基加固	m³			
		现浇混凝土构件	m³			
		其他工程	m³			
		暗埋段	m³			

名称	工程量名称	单位	工程量	单位工程量指标（公路公里）	备注
隧道工程	土方、支撑、降水	m³			
	围护结构	m³			
	地基加固	m³			
	现浇混凝土构件	m³			
	其他工程	m³			
	盾构段	m³			
	土方、支撑、降水	m³			
	围护结构	m			
	地基加固	m³			
	盾构掘进	t			
	现浇混凝土构件	m³			
	其他工程	m³			
	工作井	m²			
安全设施及预埋管线	护栏	m			
	隔离栅	m			
	标志标线	公路公里			
	收费站	处			
	管道工程	m			
	其他	项			
绿化及环境保护设施	铺设表土	m³			
	撒播草种和铺植草皮	m²			
	种植乔木、灌木和攀缘植物	株			
	声屏障	m			
	其他	项			
……	……				

F-10 公路工程主要工料价格与消耗量指标表

名称	代号	工料名称	单位	数量	金额（元）	单位消耗量指标（公路公里）
总则	1001001	人工	工日			
	1051001	机械工	工日			
	2001021	8～12号铁丝 镀锌铁丝	kg			
	2003004	型钢工字钢，角钢	t			
	2003005	钢板A3，$\delta = 5 \sim 40$mm	t			
	2009028	铁件	kg			
	3003003	柴油	kg			
	4003001	原木	m³			
	4003002	锯材	m³			
	5505016	碎石	m³			
	5511002	钢筋混凝土电杆	根			
	7001009	聚乙烯绝缘电力电缆	m			
	……	……				
道路工程	1001001	人工	工日			
	1051001	机械工	工日			
	1511008	普 C25–32.5–2（商）	m³			
	1511009	普 C30–32.5–2（商）	m³			
	2009034	U形锚钉	kg			
	3001001	石油沥青	t			
	3001004	橡胶沥青	t			
	3001005	乳化沥青	t			
	3003001	重油	kg			
	3003002	汽油	kg			
	3003003	柴油	kg			
	4003001	原木	m³			
	4003002	锯材	m³			
	4013001	草籽	kg			
	5001013	PVC塑料管（ϕ50mm）	m			
	5001022	ϕ200mm以内双臂波纹管	m			
	5001033	塑料打孔波纹管（ϕ400mm）	m			
	5005002	硝铵炸药	kg			
	5005008	非电毫秒雷管	个			
	5005009	导爆索	m			
	5007003	土工格栅	m²			
	5503003	熟石灰	t			
	5503005	中（粗）砂	m³			

名称	代号	工料名称	单位	数量	金额（元）	单位消耗量指标（公路公里）
道路工程	5503007	砂砾	m³			
	5503015	路面用石屑	m³			
	5505005	片石	m³			
	5505016	碎石	m³			
	5509001	32.5 级水泥	t			
	……	……				
桥梁涵洞工程	1001001	人工	工日			
	1051001	机械工	工日			
	1511006	普 C15–32.5–2（商）	m³			
	1511018	普 C50–42.5–2（商）	m³			
	1511033	普 C25–32.5–4（商）	m³			
	1511061	泵 C20–32.5–2（商）	m³			
	1511064	泵 C35–32.5–2（商）	m³			
	1511066	泵 C40–32.5–2（商）	m³			
	1511069	泵 C50–42.5–2（商）	m³			
	1511090	泵 C50–42.5–4（商）	m³			
	1511103	水 C35–32.5–4（商）	m³			
	2001001	HPB300 钢筋	t			
	2001002	HRB400 钢筋	t			
	2001003	冷轧带肋钢筋网	t			
	2001008	钢绞线	t			
	2001019	钢丝绳	t			
	2001021	8～12 号铁丝	kg			
	2001022	20～22 号铁丝	kg			
	2003004	型钢	t			
	2003005	钢板	t			
	2003008	钢管	t			
	2003021	钢管桩	t			
	2003022	钢护筒	t			
	2003025	钢模板	t			
	2003026	组合钢模板	t			
	2003036	钢箱梁	t			
	2009003	空心钢钎	kg			
	2009004	ϕ 50mm 以内合金钻头	个			
	2009011	电焊条	kg			

名称	代号	工料名称	单位	数量	金额（元）	单位消耗量指标（公路公里）
桥梁涵洞工程	2009012	钢筋连接套筒	个			
	2009013	螺栓	kg			
	2009028	铁件	kg			
	2009030	铁钉	kg			
	6001003	板式橡胶支座	dm³			
	6003004	模数式伸缩装置 240 型	m			
	6005009	钢绞线群锚（7 孔）	套			
	……	……				
隧道工程	1001001	人工	工日			
	1051001	机械工	工日			
	1501003	M10 水泥砂浆	m³			
	1501006	M20 水泥砂浆	m³			
	1503084	C30 泵送混凝土 32.5 级水泥 4cm 碎石	m³			
	1503085	C35 泵送混凝土 32.5 级水泥 4cm 碎石	m³			
	1503088	C40 泵送混凝土 42.5 级水泥 4cm 碎石	m³			
	1503101	C25 水下混凝土 32.5 级水泥 4cm 碎石	m³			
	1503102	C30 水下混凝土 32.5 级水泥 4cm 碎石	m³			
	1503122	C25 喷射混凝土 32.5 级水泥 2cm 碎石	m³			
	2001001	HPB300 钢筋	t			
	2001002	HRB400 钢筋	t			
	2001008	钢绞线	t			
	2001019	钢丝绳	t			
	2003004	型钢	t			
	2003005	钢板	t			
	2003008	钢管	t			
	2003021	钢管桩	t			
	2003022	钢护筒	t			
	2003026	组合钢模板	t			
	2003027	门式钢支架	t			
	2009003	空心钢钎	kg			
	2009007	钻杆	kg			
	2009035	冲击器	个			
	2009036	偏心冲击锤	个			
	2009039	破碎锤钢钎	根			
	3001001	石油沥青	t			
	3003001	重油	kg			

名称	代号	工料名称	单位	数量	金额（元）	单位消耗量指标（公路公里）
隧道工程	3003002	汽油	kg			
	3003003	柴油	kg			
	5009012	油毛毡	m²			
	5509001	32.5 级水泥	t			
	5509002	42.5 级水泥	t			
	6005007	钢绞线群锚（5 孔）	套			
	……	……				
附属工程	1001001	人工	工日			
	1051001	机械工	工日			
	2003017	波形钢板	t			
	2003009	镀锌钢管	t			
	7001004	电线	m			
	5009009	环氧树脂	kg			
	1511005	普 C10-32.5-2（商）	m³			
	6007003	反光玻璃珠	kg			
	2009014	镀锌螺栓	kg			
	6007010	震动标线涂料	kg			
	2001025	钢板网	m²			
	2001021	8 ～ 12 号铁丝	kg			
	6007018	玻璃钢防眩板	块			
	5001018	塑料弹簧软管（ϕ50mm）	m			
	6007004	反光膜	m²			
	6007009	防撞桶	个			
	5009002	油漆	kg			
	5009007	底油	kg			
	2003005	钢板	t			
	5001017	塑料软管	kg			
	7001005	裸铝（铜）线	m			
	4003002	锯材	m³			
	4003001	原木	m³			
	4009001	乔木	株			
	4011002	灌木	株			
	4013001	草籽	kg			
	4013002	草皮	m²			
	6007696	标志灯具	盏			
	7001001	电缆	m			
	……	……				

F-11 公路工程分部、分项工程内容定义表

分部分项工程		工作内容
总则	临时工程及其他	101～104
道路工程	路基工程 清理	202
	挖填方	203
	路基填筑	204
	路基处理	205
	路基排水	207
	护坡	208
	挡土墙	209～211
	边坡防护	212
	其他	其他
	路面工程 路面基层	302～307
	路面面层	308～312
	路肩、分隔带及缘石	313
	路面排水	314
桥梁、涵洞	桥梁 挖方	404
	桩	405～408
	混凝土基础	410-1，包括支撑梁、桩基承台，但不包括桩基
	混凝土下部结构	410-2
	现浇混凝土上部结构	410-3
	预制混凝土上部结构	410-4
	上部结构现浇整体化混凝土	410-5
	混凝土附属结构	410-6～410-7
	铺装及防水层	415
	伸缩装置	416～417
	其他	
	涵洞 圆管涵	
	盖板涵、箱涵	
	拱涵	
	其他	
隧道工程	洞口与明洞工程	502
	洞身开挖	503
	洞身衬砌	504
	防水与排水	505
	洞内防火涂料和装饰工程	506
	监控量测	508
	特殊地质地段的施工与地质预报	509

分部分项工程		工作内容
隧道工程	洞内机电设施预埋件和消防设施	510
	其他	
安全设施及预埋管线	护栏	602
	隔离栅	603
	标志标线	604 ～ 605
	收费站	608–1 ～ 608–3
	管道工程	607–3
	其他	
绿化及环境保护设施	铺设表土	702
	撒播草种和铺植草皮	703
	种植乔木、灌木和攀缘植物	704
	声屏障	706
	其他	

附录 G　水利工程

G-01　水利工程分类表

名称	编码	一级名称	二级名称	三级名称
水利工程 G	G0101001	泵（闸）站	泵站	流量≤10m³/s
	G0101002			10m³/s≤流量≤50m³/s
	G0101003			流量>50m³/s
	G0102001		泵闸	净宽≤4m
	G0102002			4m≤净宽≤10m
	G0102003			流量>10m
	G0201001	水闸	节制闸	净宽≤4m
	G0201002			4m≤净宽≤10m
	G0201003			流量>10m
	G0202001		套闸	净宽≤4m
	G0202002			4m≤净宽≤10m
	G0202003			流量>10m
	G0301001	涵闸	方涵闸	净宽≤2m×净高≤2m
	G0301002			净宽>2m×净高≤2m
	G0301003			净宽≤2m×净高>2m
	G0301004			净宽>2m×净高>2m
	G0302001		圆涵闸	直径≤2m
	G0302002			直径>2m
	G0401001	桥梁	预应力	单跨
	G0401002			三跨
	G0401003			五跨
	G0402001		非预应力	单跨
	G0402002			三跨
	G0402003			五跨
	G0501001	护岸	混凝土挡墙	前板桩后方桩
	G0501002			双排方桩
	G0501003			前板桩后灌注桩
	G0501004			双排灌注桩
	G0501005			前钢筋混凝土U型后方桩
	G0501006			前U型钢板桩后方桩
	G0501007			墙体改造（维修）
	G0502001		砌石挡墙	有桩
	G0502002			无桩
	G0503001		护坡	灌砌块石

名称	编码	一级名称	二级名称	三级名称
水利工程 G	G0503002	护岸	护坡	浆砌块石
	G0503003			混凝土
	G0503004			其他
	G0601001	土方	疏浚	水力冲挖 + 外运
	G0601002			水力冲挖 + 就地堆置
	G0601003			船挖
	G0602001		开挖	机械开挖 + 外运
	G0602002			机械开挖 + 就地堆置
	G0603001		吹填	吹泥船 + 就地取土
	G0603002			吹泥船 + 外海取土
	G0701001	塘堤	围涂	滩地平均高程 0m 以上
	G0701002			滩地平均高程 0m ～ -3m
	G0701003			滩地平均高程 -3m ～ -5m
	G0701004			滩地平均高程 -5m 以下
	G0702001		加固	防浪墙拆建
	G0702002			防浪墙 + 外坡拆建
	G0702003			防浪墙 + 外坡拆建 + 顺坝加固
	G0702004			顺坝加固
	G0702005			丁坝加固
	G0801001	农田水利	粮田	明渠灌溉
	G0801002			暗渠灌溉
	G0802001		菜田	露地
	G0802002			大棚

G-02 水利工程概况表

编码:

名称	内容	备注
工程名称		
报建编号		
工程等级		
项目性质		
投资主体		
承发包模式		
工程地点		
开工日期		
竣工日期		
单项工程组成		
单项工程 1……		填写各单项组成的名称,主要功能参数和数量
单项工程 2……		填写各单项组成的名称,主要功能参数和数量
……		
项目总投资(万元)		
建安工程费(万元)		
计价方式		
造价类别		
编制依据		
价格取定期		

注:1 项目性质:新建、扩建、改建。
　　2 投资主体:国资、国资控股、集体、私营、其他。
　　3 承发包模式:公开招标、邀请招标、其他。
　　4 计价方式:清单、定额、其他。
　　5 造价类别:概算价、预算价、最高投标限价、合同价和结算价等。

编码：

名称		内容
单项工程名称		
泵（闸）站单项工程		
泵（闸）站单位工程	特征分类	
	管理房面积（m²）	
	管理区面积（m²）	
	闸门启闭机形式	液压、卷扬、螺杆式
	闸门开启方式	直升门、横拉门
	桩基规格 × 桩长	
	基坑围护规格 × 桩长	
	构筑物宽 × 长	
	工程造价（万元）	
水闸单项工程		
水闸单位工程	特征分类	
	管理房面积（m²）	
	管理区面积（m²）	
	闸门启闭机形式	液压、卷扬、螺杆式
	闸门开启方式	直升门、横拉门
	桩基规格 × 桩长（m）	
	基坑围护规格 × 桩长（m）	
	构筑物宽 × 长（m）	
	工程造价（万元）	
桥涵、涵闸单项工程		
桥涵、涵闸单位工程	特征分类	
	桩基规格 × 桩长（m）	
	桥梁宽、长	
	方涵宽、高、长	
	圆涵材质	
	圆涵直径、长	
	接坡面积	
	工程造价（万元）	
桥梁单项工程		
桥梁	特征分类	
	桩基规格 × 桩长（m）	
	桥梁宽、长	
	接坡面积	
	工程造价（万元）	

名称		内容
护岸单项工程		
护岸单位工程	特征分类	
	桩基规格 × 桩长 × 间距	
	底板尺寸	厚 × 宽
	墙体尺寸	厚 × 高
	护坡形式	连锁块
	护坡厚度	
	护坡长	
	工程造价（万元）	
土方单项工程		
土方单位工程	特征分类	
	施工方法	水力冲挖
	土方运距	吹距
	施工机械（船舶）	水力冲挖机组
	工程造价（万元）	
塘堤单项工程		
塘堤单位工程	特征分类	
	圈围大堤底宽	
	圈围土方运距	
	堤身施工船舶	
	达标镇压平台宽	
	达标坡面长	
	达标消浪平台宽	
	顺坝抛石延米量	
	顺坝异型体延米量	
	丁坝抛石量	
	丁坝异型体量	
	工程造价（万元）	
农田水利单项工程		
农田水利单位工程	特征分类	
	工程造价（万元）	
……		

注：各单项工程分别描述。

G-05　水利工程建设投资指标表

编码：

序号	名称	金额（万元）	单位造价（元/单位）	占总投资比例（%）	备注
1	工程费用				
1.1	建筑安装工程费				
1.2	设备及工器具购置费				
2	工程建设其他费用				
2.1	建设单位管理费				
2.2	前期工程咨询费				
2.3	施工场地准备费				
2.4	工程监理费（含财务监理）				
2.5	工程量清单编制费				
2.6	招标代理服务费				
2.7	联合试运转费				
2.8	生产准备费				
2.9	科研勘察设计费				
2.10	工程保险费				
	……				
3	预备费				
3.1	基本预备费				
3.2	价差预备费				
	……				
4	建设期利息和流动资金				
5	建设用地费				
6	管线搬迁费用				
	合计				

注：前期工程咨询费包含项目建议书编制费、可行性研究报告编制费、概估算编制审核费等。

G-06　建安工程造价指标表

序号	单项工程名称	造价（元）	单位造价（元／单位）	占造价比例（%）
1	单项工程一			
2	单项工程二			
3	单项工程三			
4	……			
合计				

G-07　单项工程（　　）造价指标表

名称	造价（元）	其中				单位造价（元／单位）	占造价比例（%）
		人工费（元）	材料费（元）	机械费（元）	管理费和利润（元）		
1 分部分项工程费							
2 措施项目费							
3 其他项目费							
4 规费							
5 税金							
合计							

G-08　水利工程经济指标表

名称	造价（元）	单位造价(元/单位)	占造价比例（%）	备注
土（石）方工程				
砌筑工程				
灌浆工程				
基坑及地基处理工程				
桩基工程				
混凝土及钢筋混凝土工程				
保滩排体工程				
道路工程				
生态植物工程				
截污工程				
拆除工程				
机电设备工程				
金属结构工程				
……				
合计				

G-09 水利工程主要工程量指标表

工程量名称	单位	工程量	单位工程量指标（每单位）
土（石）方开挖量	m³		
土（石）方回填量	m³		
砌体	m³		
结构桩	m³		
维护桩	m³		
护坡	m²		
地基加固	m²		
砌体	m³		
混凝土	m³		
预制构件	m³		
钢筋	t		
路面	m²		
绿化面积	m²		
……	……		

G-10 水利工程主要工料价格与消耗量指标表

工料名称	单位	数量	金额（元）	单位消耗量指标（每单位）
综合人工	工日			
预拌混凝土	m³			
石材	m³			
木材	m³			
碎石	t			
土工织物	m²			
钢筋	t			
……	……			

G-11 水利工程分部、分项工程内容定义表

分部分项工程	工作内容
土（石）方工程	土（石）方开挖，土（石）方填筑，块料抛投，土方整理
砌筑工程	石砌体，砖砌体，砌块砌体
灌浆工程	土坝（堤）劈裂灌浆，回填灌浆，接缝灌浆，化学灌浆
基坑与地基处理工程	地下连续墙，高压喷射注浆连续防渗墙，型钢水泥土搅拌墙，压密注浆，打塑料排水板，钢支撑
桩基工程	预制桩，管桩，钢管桩，木桩，灌注桩，水泥土搅拌桩，树根桩
混凝土及钢筋混凝土工程	模袋混凝土，现浇混凝土，埋石混凝土，预制混凝土，钢筋加工及安装
保滩排体工程	土工布铺设，砂肋软体排，混凝土联锁块软体排，铺设土工格栅
道路工程	整修路基，道路基层填筑，道路面层，预制块路面，混凝土路面，沥青路面
生态植物工程	水生植物，地面绿化
截污工程	管道铺设，各类井
拆除工程	各类混凝土、砌体，构件拆除
机电设备工程	水力机械，电气设备，起重设备，自控设备，通信设备，通风设备，消防设备，闸门及启闭设备，清污设备
金属结构工程	钢构件加工及安装，预埋件，拦污栅设备安装，一期埋件安装
其他	防水工程，止水工程，伸缩缝，支座，其他

附录 H　房屋修缮工程

H-01　房屋修缮工程分类表

名称	编码	一级名称	二级名称	三级名称	四级名称	五级名称
房屋修缮工程	H0101001	居住建筑	花园住宅	独立式	文物保护建筑： 1. 最严格保护； 2. 较严格保护； 3. 一般保护	优秀历史建筑： 1. 第一类：不得变动建筑原有的外貌、结构体系、平面布局和内部装修； 2. 第二类：不得变动建筑原有的外貌、结构体系、基本平面布局和有特色的室内装修，建筑内部其他部分允许作适当的变动； 3. 第三类：不得改动建筑原有的外貌，建筑内部在保持原结构体系的前提下，允许作适当的变动； 4. 第四类：在保持原有建筑整体性和风格特点的前提下，允许对建筑外部作局部适当的变动，允许对建筑内部作适当的变动
	H0101002			和合式		
	H0102001		新式里弄	石库门		
	H0102002			现代式		
	H0103001		公寓	高层		
	H0103002			多层		
	H0104001		职工住宅	高层（大楼）		
	H0104002			多层		
	H0104003			平瓦坡顶		
	H0104004			二万户		
	H0105001		旧式里弄	三间两厢房		
	H0105002			两间一厢房		
	H0105003			单开间		
	H0105004			组合式		
	H0105005			零星楼房		
	H0105006			零星平房		
	H0106001		其他	学校宿舍		
	H0106002			医院病房		
	H0201001	非居住建筑	旅馆	宾馆建筑		
	H0201002			招待所		
	H0202000		办公楼			
	H0203000		工厂			
	H0204000		站场码头			
	H0205000		仓库堆栈			
	H0206000		商场			
	H0207000		店铺			
	H0208000		学校			
	H0209000		文化馆			
	H0210000		体育馆			
	H0211000		影剧院			
	H0212000		福利院			
	H0213000		医院			
	H0214000		农业建筑			
	H0215000		公共设施用房			
	H0216000		寺庙教堂			
	H0217000		宗祠山庄			
	H0218001		其他	营房		
	H0218002			监狱		

H-02 房屋修缮工程概况表

编码：

名称	内容	备注
工程名称		
报建编号		
修缮类别		主要包含：成套改造、厨卫及相关设施改造、屋面及相关设施改造、里弄住宅内部整体改造、综合整治等（保护建筑需注明）
建筑类别		
建造年代		
工程地点		
开工日期		
竣工日期		
检测损坏记录		
养护维修记录		
总建筑面积（m²）		
总占地面积（m²）		
总造价（万元）		
单位造价（元/m²）		
建安工程费（万元）		
单位建安造价（元/m²）		
计价方式		
造价类别		
编制依据		
价格取定期		
雨污混接改造		
信息通信架空线入地		
建筑节能		
海绵城市（具体做法）		

注：1　计价方式：清单、定额、其他。
　　2　造价类别：概算价、预算价、最高投标限价、合同价和结算价等。

H-03 房屋修缮单项（幢）工程概况表

编码：

名称	内容	备注
单幢房屋名称		
建筑类别		
建造年代		
检测损坏记录		
养护维修记录		
开工日期		
竣工日期		
建筑面积（m²）		
占地面积（m²）		
室外工程（m²）	描述每一项工程内容及工程面积	
结构形式		
基础结构	1. 结构类型： 2. 加固类型：	
抗震设防烈度（度）		
建筑高度（檐口）（m）		
层数（层）		
层高（m）		
室内外高差（m）		
修缮造价（万元）		
单位造价（元/m²）		
修缮建安工程费（万元）		
修缮项目描述		
单位建安造价（元/m²）		
建筑节能		
海绵城市		

H-05 房屋修缮工程建设投资指标表

编码：

序号	名称	金额（万元）	单位造价（元/m²）	占总投资比例（%）	备注
1	工程费用				
1.1	建筑安装工程费				
1.2	设备及工器具购置费				
2	工程建设其他费用				
2.1	建设单位管理费				
2.2	代建管理费				
2.3	场地准备及临时设施费				
2.4	前期工程咨询费				
2.5	工程监理费（含财务监理）				
2.6	工程量清单编制费				
2.7	招标代理服务费				
	……				
3	预备费				
3.1	基本预备费				
3.2	价差预备费				
	……				
合计					

注：1 前期工程咨询费包含：项目建议书编制费、可行性研究报告编制费、环境影响报告编制费、节能评估报告编制费、社会稳定风险评估报告编制费。
2 未发生的费用，填"0"。

H-06 建安工程造价指标表

序号	单项工程名称	造价（万元）	单位造价（元/m²）	占造价比例（%）
1	单项工程一			
2	单项工程二			
3	单项工程三			
4	……			
合计				

H-07　房屋修缮单项（幢）造价指标表

名称		造价（元）	其中				单位造价（元/m²）	占造价比例（%）
			人工费（元）	材料费（元）	机械费（元）	管理费和利润（元）		
1	分部分项工程费							
2	措施项目费							
2.1	脚手架工程							
2.2	垂直运输							
2.3	超高施工增加							
2.4	施工排水、降水							
2.5	大型机械设备进出场及安拆							
2.6	安全文明施工费							
2.7	其他措施费							
3	其他项目费							
4	规费							
5	税金							
	合计							

H-08　房屋修缮工程经济指标表

名称	造价（元）	单位造价（元/m²）	占总造价比例（%）	备注
拆除工程				
土方工程				
砌筑工程				
混凝土和钢筋混凝土				
金属工程				
木结构工程				
加固工程				
屋面及防水工程				
保温、隔热、防腐工程				
楼地面工程				
墙、柱面装饰与隔断				
天棚工程				
门窗工程				
油漆、涂料、裱糊工程				
其他装饰工程				
沟路、庭院工程				
水卫工程				
电气工程				
燃气管道工程				

H-09 房屋修缮工程主要工程量指标表

工程量名称	单位	工程量	单位工程量指标 （每单位）
房屋整体拆除	m²		
屋面拆除	m²		
构架件拆除	榀，m³		
砖砌体拆除	m³		
混凝土及钢筋混凝土构件拆除	m³		
装饰与装修项目拆除	m²		
电气管线、电器拆除	m，只		
水卫管道、设备拆除	m，套		
通风管道、设备拆除	m²，套		
其他项目拆除			
土方开挖	m³		
土方回填及运输	m³		
砖砌体	m³		
门窗樘、窗台、出线	樘，m		
其他项目			
垫层	m³		
混凝土及钢筋混凝土	m³		
钢架	t		
钢柱、梁、平台、楼梯	t，步		
其他金属构件			
金属面防护涂料	m²		
木屋架	m³，榀		
木构架	m³		
木楼梯	m²，座		
其他木构件			
木结构加固	处，根		
砖砌体加固	m³，m²		
压力注浆加固	m²		
钢筋混凝土加固	m³，m²		
钢构件加固	t，个		
粘贴钢板及纤维增强复合材料加固	m²		
种植钢筋及化学锚栓	m²		
瓦、型材及其他屋面	m²，m		
屋面防水及其他	m²，m		
老虎窗、压顶	个，m		
楼地面、墙面防水、防潮	m²		
隔热、保温	m²		

工程量名称	单位	工程量	单位工程量指标（每单位）
整体面层及找平层			
块料面层			
其他材料面层			
踢脚线			
楼梯面层			
零星装饰			
墙、柱（梁）面抹灰			
零星抹灰			
墙、柱（梁）面块料面层			
镶贴零星块料			
墙、柱（梁）饰面			
隔断			
天棚抹灰			
天棚吊顶			
木门			
金属门及塑钢门			
特种门			
木窗			
金属窗及塑钢窗			
贴脸、筒子板、窗台板			
窗帘、窗帘盒、窗帘轨			
门窗特殊五金			
门窗油漆			
木材面油漆			
金属面油漆			
喷刷涂料			
橱、柜、台油漆			
裱糊			
玻璃			
扶手、栏杆、栏板装饰			
室外排水管道			
地沟、明沟、水表箱			
池、槽			
路面工程			
台阶、花坛工程			
给排水管道			
管道附件			

续表 H-09

工程量名称	单位	工程量	单位工程量指标（每单位）
卫生洁具			
消火栓、喷淋水嘴			
水泵			
地面、墙面开管槽及管道支架			
管道保温			
配管、线槽、桥架			
配线、电缆、母线槽			
灯具、开关、插座及其他			
电气设备			
防雷及接地装置			
外线工程			
地面、墙面开管槽及支架			
燃气管道			
管道附件			
燃气阀门			
墙体开洞			
……			

H-10 房屋修缮工程主要工料价格与消耗量指标表

工料名称		单位	数量	金额	单位消耗量指标（每单位）
综合人工		工日			
预拌混凝土		m³			
商品砂浆		m³			
模板		m²			
钢材	型材	t			
	钢筋	t			
屋面保温		m²			
门及配件		m²，樘，扇			
窗及配件		m²，樘，扇			
砌块		m³			
防水卷材		m²			
防水涂料		kg			
木材		m³			
油漆		kg			
涂料		kg			
板材		m²			
块料		m²			
石材		m²			
加固材料		m²			
……		……			

分部分项工程	工作内容
拆除工程	房屋整体拆除，屋面拆除，构架件拆除，砖砌体拆除，混凝土及钢筋混凝土构件拆除，装饰与装修项目拆除，电气管线、电器拆除，水卫管道、设备拆除，通风管道、设备拆除，其他项目拆除
土方工程	土方开挖，土方回填及运输，垫层
砌筑工程	砖砌体，门窗樘、窗台、出线，其他项目
混凝土及钢筋混凝土	钢筋，现浇混凝土，预制混凝土构件，预埋螺栓、铁件
金属工程	钢架，钢柱、梁、平台、楼梯，其他金属构件，金属面防护涂料
木结构工程	木屋架，木构架，木楼梯，其他木构件
加固工程	木结构加固，砖砌体加固，压力注浆加固，钢筋混凝土加固，钢构件加固，粘贴钢板及纤维增强复合材料加固，种植钢筋及化学锚栓
屋面及防水工程	瓦、型材及其他屋面，屋面防水及其他，老虎窗、压顶，楼地面、墙面防水、防潮
保温、隔热、防腐工程	隔热，保温
楼地面工程	整体面层及找平层，块料面层，其他材料面层，踢脚线，楼梯面层，零星装饰
墙、柱面装饰与隔断	墙、柱（梁）面抹灰，零星抹灰，墙、柱（梁）面块料面层，镶贴零星块料，墙、柱（梁）饰面，隔断
天棚工程	天棚抹灰，天棚吊顶
门窗工程	木门，金属门及塑钢门，特种门，木窗，金属窗及塑钢窗，贴脸、筒子板、窗台板、窗帘、窗帘盒、窗帘轨，门窗特殊五金
油漆、涂料、裱糊工程	门窗油漆，木材面油漆，金属面油漆，喷刷涂料，橱、柜、台油漆，裱糊，玻璃
其他装饰工程	扶手、栏杆、栏板装饰
沟路、庭院工程	室外排水管道，地沟、明沟、水表箱，池、槽，路面工程，台阶、花坛工程
水卫工程	给排水管道，管道附件，卫生洁具，消火栓、喷淋水嘴，水泵，地面、墙面开管槽及管道支架，管道保温
电气工程	配管、线槽、桥架，配线、电缆、母线槽，灯具、开关、插座及其他，电气设备，防雷及接地装置，外线工程，地面、墙面开管槽及支架
燃气管道工程	燃气管道，管道附件，阀门及支架，墙体开洞

本标准用词说明

1　为了便于在执行本标准条文时区别对待，对要求严格程度不同的用词说明如下：

　　1）表示很严格，非这样做不可的用词：

　　　　正面词采用"必须"；

　　　　反面词采用"严禁"。

　　2）表示严格，在正常情况下均应这样做的用词：

　　　　正面词采用"应"；

　　　　反面词采用"不应"或"不得"。

　　3）表示允许稍有选择，在条件许可时首先这样做的用词：

　　　　正面词采用"宜"；

　　　　反面词采用"不宜"。

　　4）表示有选择，在一定条件下可以这样做的用词，采用"可"。

2　标准中指定应按其他有关标准、规范执行时,写法为:"应符合……的规定"或"应按……执行"。

引用标准名录

1 《建设工程造价指标指数分类与测算标准》GB/T 51290

2 《建设工程分类标准》GB/T 50841

3 《建设工程工程量清单计价规范》GB 50500

4 《房屋建筑与装饰工程工程量计算规范》GB 50854

5 《仿古建筑工程工程量计算规范》GB 50855

6 《通用安装工程工程量计算规范》GB 50856

7 《市政工程工程量计算规范》GB 50857

8 《园林绿化工程工程量计算规范》GB 50858

9 《城市城市轨道交通工程工程量计算规范》GB 50861

10 《水利工程工程量清单计价规范》GB 50501

11 《建设工程造价咨询规范》GB/T 51095

12 《城市桥梁设计规范》CJJ 11

13 《城市道路工程设计规范》CJJ 37

14 《城市绿地分类标准》CJJ/T 85

15 《公路工程建设项目概算预算编制办法》JTC 3830

16 《房屋修缮工程技术规程》DG/TJ 08—207

17 《建设工程造价咨询标准》DG/TJ 08—1202

18 《上海市海绵城市建设工程投资估算指标》SHZ 0—12—2018

19 《上海市房屋工程养护维修预算定额　第一册　房屋修缮工程》SH 00—41(01)—2016

上海市工程建设规范

建设工程造价指标指数分析标准

DG/TJ 08－2135－2020

J 15140－2020

条 文 说 明

2020　上海

目　次

Contents

1 总 则

1.0.3 本标准还应符合下列文件和规定：

1 《开展政府投资房屋建筑项目可行性研究报告(初步设计深度)审批改革试点工作的通知》(沪发改投〔2018〕271号)

2 《市政工程投资估算编制办法》（建标〔2007〕164号）

3 《公路工程标准施工招标文件》（2018年版）

4 《上海市建设工程工程量清单计价应用规则》（沪建管〔2014〕872号）

5 《上海市水利工程工程量清单计价应用规则》（沪建标定联〔2017〕620号）

6 《城市轨道交通工程设计概算编制办法》（建标〔2017〕89号）

7 《交通运输部关于发布公路工程标准施工招标文件及公路工程标准施工招标资格预审文件2018年版的公告》（交通运输部公告2017年第51号）

2 术 语

2.0.2 单项工程是建设项目的组成部分,其最大特征是能够独立发挥生产能力或使用功能。如一个建筑群的某一栋建筑,工厂的某一系统或车间。

2.0.3 单位工程是单项工程的组成部分,其最大特征是具有独立的设计文件和能够独立组织施工,单位工程可以是一个建筑工程或者是一个设备与安装工程。如主体建筑工程、精装修工程、设备安装工程、窑炉安装工程、电气安装工程。

2.0.7 按照现行工资总额构成规定,人工费包括工资、工资性津贴、补贴、奖金、加班加点工资及特殊情况下的工资等。不包括计入施工机械使用费中的人工的费用。

2.0.9 施工机械使用费包括机械折旧费、大修理费、经常修理费、安拆费及场外运费(大型机械进出场及安拆费包括在措施费中)、机上人工费、燃料动力费、车船使用税等(不包含增值税可抵扣进项税额)。

2.0.10 企业管理费包括施工企业管理人员工资、办公费、差旅交通费、固定资产使用费、工具用具使用费、劳动保险和职工福利费、劳动保护费、检验试验费、工会经费、职工教育经费、财产保险费、财务费、税金等(不包含增值税可抵扣进项税额)。

3 基本规定

3.0.1 实际工程数据是指完成工程造价计价成果的数据，包括建设工程概算价、最高投标限价、合同价、结算价，用于测算指标的数据均来自于项目实际。

3.0.3 本条规定了测算指标指数需要区分的三个特征：

1 工程分类：将建筑、装饰、安装合并为房屋建筑与安装工程；红线以内的燃气并入房屋建筑与安装工程（安装工程），红线外并入市政工程。

2 造价类别：概算价、预算价、招标控制价、合同价、结算价等。

5 建设工程造价指标测算

5.1 数据统计法

5.1.2 本标准的指标测算最少样本数量比国家标准《建设工程造价指标指数分类与测算标准》GB/T 51290—2018 的最少样本数量上有所增加；考虑到本市同类型项目超过 720 个可能性较小，故对于建设工程数量超过 720 个的同类工程不再进行具体划分。

6 建设工程造价指数测算

6.0.1～6.0.2 此两条规定了工料机价格指数测算方法。基期应根据同比、环比要求确定。